Information&
Communication

信息与通信创新学术专著

Multiple Failure Survivability in
Optical Networks

多重故障光网络
生存性技术

▶ 张杰 赵永利 马辰 陈伯文／著

人民邮电出版社
北京

图书在版编目（CIP）数据

多重故障光网络生存性技术 / 张杰等著. -- 北京：
人民邮电出版社，2017.3
（信息与通信创新学术专著）
ISBN 978-7-115-41239-3

Ⅰ．①多⋯ Ⅱ．①张⋯ Ⅲ．①无源光纤网—研究
Ⅳ．①TN929.11

中国版本图书馆CIP数据核字(2016)第301493号

内 容 提 要

本书是一本关于光网络生存性方面的学术专著，重点研究了多故障相关的生存性内容，内容涉及多链路故障定位技术、P-Cycle 保护技术、立体化保护技术、光层降级的多故障保护技术、跨层虚拟化生存性映射技术以及多故障的网络修复技术等，目的在于帮助读者能够更好地学习和掌握光网络多故障生存性的原理与技术。全书共分为 7 章，第 1 章为光网络生存性概述，第 2 章介绍多链路故障的定位技术，第 3 章介绍光层 P-Cycle 保护技术，第 4 章介绍面向光层的链路故障保护技术，第 5 章为光层降级的多故障保护技术，第 6 章为跨层虚拟化生存性映射技术，第 7 章介绍灾后面向网络虚拟化的修复方案。

本书读者对象主要是从事光网络研究的工程技术人员以及高校相关专业的研究生和教师。

◆ 著　　　张　杰　赵永利　马　辰　陈伯文
　　责任编辑　代晓丽
　　责任印制　彭志环

◆ 人民邮电出版社出版发行　　北京市丰台区成寿寺路 11 号
　　邮编　100164　　电子邮件　315@ptpress.com.cn
　　网址　http://www.ptpress.com.cn
　　固安县铭成印刷有限公司印刷

◆ 开本：700×1000　1/16
　　印张：14　　　　　　　　　　　2017 年 3 月第 1 版
　　字数：274 千字　　　　　　　　2017 年 3 月河北第 1 次印刷

定价：78.00 元
读者服务热线：(010)81055488　印装质量热线：(010)81055316
反盗版热线：(010)81055315

前　言

随着互联网与物联网技术的飞速发展，光网络作为信息的主要载体，其规模不断扩大、业务种类不断增多，光网络将面临着规模化、动态化、优质化的需求。与此同时，光网络结构日趋复杂，使得光网络出现并发多故障的概率大大增加。目前应对多重故障能力的生存性技术成为光网络研究的重点。

在 Mbit/s 粒度的光网络中，多采用点到点保护，而在 Gbit/s 粒度的光网络中，则演变成了保护环。随着网络向全光网演进，在以 WDM Mesh 网为代表的 Tbit/s 级光网络中，为了应对多粒度的需求，采用了智能控制平面辅助下的多种保护恢复方式。然而，在以 Pbit/s 超大容量光网络中，组网结构异常复杂，使得网络的组网和交换模式发生了革新。同时，考虑到超大容量光网络的组网复杂性和脆弱性，在多故障场景下的光网络生存性成为亟待解决的理论和技术问题。

光网络中多故障是指在多层多域光网络中同一时刻发生的多个故障或者是在时间上相继发生，并且相互之间存在关联的多个故障。应对光网络多故障，传统的线保护和面保护已无法提供行之有效的保护能力。本书在国家"973"计划"Pbit/s级可控管光网络基础研究"项目的支持下创新地提出了体保护的思想，并对其原理及实现技术进行了阐述。

本书凝聚了笔者所在单位多年来的科研经验和实践总结，得到了国家"973"计划"Pbit/s 级可控管光网络基础研究"、国家"863"计划"新型超大容量全光交换网络架构及关键技术研究"等科研项目的支持，同时也包含了陈伯文、李新、张佳玮、张伟、杨辉、郁小松、马辰、于一鸣、尹兴彬博士和刘金艳、杜晓鸣、喻玥、罗广骏、潘莹、金紫莲、远见、师亚超、朱晓旭和谭渊龙等硕士在他们攻读学位期间的部分研究成果，在此一并表示感谢。

由于作者水平有限，本书中难免有错误或者不周之处，敬请广大读者批评指正。

作　者
2016 年 12 月

目　　录

第1章
光网络生存性概述

1.1 光网络的现状与发展趋势

随着互联网与物联网技术的飞速发展，光网络作为信息的主要载体，其规模不断扩大，业务种类不断增多，光网络将面临着规模化、动态化、优质化的需求。

1.1.1 规模化

信息技术是当今世界创新速度最快、通用性最广、渗透性最强的高技术之一，并已渗透到各个学科和领域，有力地带动着物质科学、生命科学以及新能源、新材料、航空航天等工程技术的进展，促进了各学科广泛交叉、深度融合。2013年全球宽带用户数超过6.786亿，我国宽带用户数1.92亿；截至2013年7月，光纤宽带用户达3 159.5万户，光纤接入覆盖超过1亿户。2013年全球光纤用量约2.36亿芯公里，累计用量已超过18亿芯公里；2013年我国光纤用量约1.6亿芯公里，已敷设光缆长度达1 481万公里（目前已达1 596万公里），已敷设光纤超过6亿芯公里。同时，随着通信需求的泛在化，网络通信已经从人到人（P2P）的通信发展到人与机器之间以及机器与机器（M2M）之间的通信。人们将生活在无所不在的网络中，物联网技术将成为互联网大发展的有力助推器，而作为承载网的未来光网络必将面临着规模化的需求。

未来光网络规模化体现在广覆盖（Ubiquitous）、超高速（Tbit/s）、大容量（Pbit/s）、多粒度（1～100 Gbit/s）等方面。随着"光进铜退"的发展，光纤将逐步取代其他的有线传输手段，并延伸到每一个角落，大到跨大陆、跨海域的光缆，小到片上光互联，而随之带来的是光纤链路长度和光传送节点数量的非线性增长，最终形成规模异常庞大的网络群体，呈现广覆盖的态势。一方面随着用户带宽需求的爆炸式增长，光网络的链路和节点面临着巨大考验，据预计，未来10～15

年干线节点容量将达到 Pbit/s 量级，链路速率达到 Tbit/s 量级；另一方面，未来业务的多样性和时变性要求光网络具有更加灵活的带宽接入能力，这就意味着未来光网络需要提供多种粒度的业务接口。

这 4 个方面的特征造就了未来光网络的规模化需求，而规模化导致未来光网络管理和维护非常复杂，必须通过分层分域的方式加以解决。

1.1.2 动态化

长期以来，骨干网分为两层：骨干路由器 IP 承载网（IP 层）和骨干光网络（光层），两层一直分别独立地发展。两者的联系集中体现在光层为 IP 层提供静态配置的物理链路资源，其他的联系却很少。IP 层看不到光层的网络拓扑和保护能力，光层也无法了解 IP 层的动态业务需求。随着业务的迅速增长，IP 层的路由器面临着巨大的扩容与处理压力。

这一现象的存在与光层在智能方面的发展滞后于 IP 层密切相关。我们现在看到，目前智能光网络的发展十分迅速。业界在大容量的 SDH 骨干光网络上支持 GMPLS 智能调度后，新一代的 OTN/DWDM 系统又实现了跨越多层、对不同颗粒（波长/子波长）的动态与智能化调度。一些运营商已明确提出了对基于 OTN/DWDM 的 GMPLS/ASON 智能控制平面的需求；多个厂家也宣称已能支持基于 OTN/DWDM 的 GMPLS/ASON 智能控制平面。这一切都为在 IP 层和光层之间实现基于智能控制平面的统一调度奠定了基础。

目前大型骨干 IP 承载网的组网模式一般是边缘路由器（Provider Ed e，PE）双归属到核心节点的 P（Provider）路由器上，P 路由器完成 PE 之间的业务转发和疏导。通过对骨干网络流量的分析，发现在经过 P 路由器的业务流量中，大约有 50%以上属于"过境"的转发流量。这些过境流量大大加重了 P 路由器的负担。而且，这些过境流量对本地来说是不增值的。使用昂贵的路由器线卡处理这类流量，造成了网络成本和功耗的快速增长。实际上，这些过境流量完全可以通过光传送管道进行旁路，以降低 P 路由器的处理压力。这一切都必须实现 IP 层和光层的协作互动来解决。目前，这种 IP 层与光层之间的融合与统一调度已经成为一种趋势。

由此可见，在 IP 业务多样性和突发性的驱动下，未来的光网络必然面临着动态化需求，迫切需要增强光网络的智能性。

1.1.3 优质化

在光网络趋于规模化和动态化的同时，光网络本身也面临着优质化需求。光网络本身的资源总是有限的。在现有的网络资源情况下，如何最优化网络资源的使用，不但关系是否能够为更多的用户提供高质量的服务，还关系到网络的发展稳定。

另一方面，能耗问题已经成为全球各个领域科研人员最为关注的热点问题之一，也是目前超大规模电路由器遇到的瓶颈问题之一。以 CISCO CRS-1 为例，从表面上看，CRS-1 拥有高达 92 Tbit/s 的系统容量，可是仔细分析就会发现 92 Tbit/s 的系统容量只是理论上的容量或者峰值，而不是实际容量。实际中因为耗能问题不可能达到 92 Tbit/s 的容量。在能量效率方面，Juniper 公司走得更远，他们已经在节能领域进行了深入的研究，并把他们的研究成果应用到 Juniper T1600 核心路由器（系统容量 1.6 Tbit/s）的设计中，使 T1600 的比特能耗达到了创纪录的 6.2 nJ/bit。而光学技术被认为是解决未来电耗能的主要技术手段。因此，未来的光网络也面临着绿色低能耗的需求。

在资源和能耗限制因素的驱动下，网络的优质化需求日益凸显，迫切需要增强光网络的智能性来对两个方面的性能进行优化。

总之，未来光网络面临着规模化、动态化、优质化需求，而这些需求必然导致未来光网络的结构和功能趋于复杂化，其中生存性技术将成为重要挑战。

1.2　光网络多故障的生存性需求

随着网络规模的扩大和容量的提升，光纤频谱利用率大大提高，光网络容量大规模增加，单根光纤故障就能够造成大量业务的中断。而随着光互联技术在数据中心内部和数据中心之间的广泛应用，光网络呈现结构复杂化和地理分散化等特点，使得光网络出现并发多故障的可能性大大提高。当今世界，人类的生存环境不断恶化，自然灾害频发，具有应对多重故障能力的生存性技术是目前光网络研究的重点。

1.2.1　自然环境的恶化需求

我国幅员辽阔，地域面积广，地形、地貌和气候条件极为复杂，自然灾害的种类多，发生频率高，造成的灾情较为严重。通信网络作为提供军事、民用和商业等信息传送通道的基础设施，覆盖面积广，极容易受到自然灾害的影响和人为破坏，通信网络生存性建设将对整个国家安全和经济的发展起着至关重要的作用。例如，2006 年 12 月 26 日南海海域地震，造成中美海缆、亚太 1 号和亚太 2 号海缆、FLAG 海缆、亚欧海缆、FNAL 海缆等多条海底通信光缆发生中断，中断点在中国台湾以南 15 公里的海域，造成附近国家和地区的国际和地区性通信受到严重影响。中国大陆至中国台湾、美国、欧洲等方向通信线路受此影响大量中断，中国港澳台互联网访问质量受到严重影响，中国港澳台话音和专线业务也受到一定影响。据中国台湾"中广新闻网"报道，国际海缆的修复需要专用海缆工作船前往，海底电缆修复至少需要2~3个星期，短时间内，中国台湾地区对国际间的通信都受到明显影响，损失巨大。2008年5月12日四川汶川大地震时，中国联通在甘肃省甘南地区的4个县通信中断，部分省内传输光缆中断，西安至成都2条长途光缆，其中1条中断；中国电信的三期波分九环线在汶川、北川境内光缆中断，导致马尔康、康定部分电路中断；兰州—西安—拉萨的骨干光缆中断，导致到乌鲁木齐、广州、拉萨等部分长途电路中断；中国网通在四川省绵阳—梓潼、汶川—都江堰二干传输系统中断，四川省内2条2.5G和1条155M互联网电路中断，120多公里光电缆受损。2013年4月20日8时，四川省雅安市芦山县发生7.0级地震。中国移动称，雅安地区受地震影响有139个基站中断，其中宝兴断站有84个。中国联通称，宝兴、芦山基站基本中断，雅安掉站有93个，芦山、宝兴两县中断基站有45个，通往阿坝、雅安的3条光缆环中断。人为因素对光缆网络的破坏更是频频发生，一些施工单位和个人对保护通信线路安全的法律法规置若罔闻，野蛮施工，大肆损坏通信线路和设施，造成骨干网每年都出现数以百计的光缆中断。2006年5月在广东省佛山市南海区桂丹路一处正在施工的工地上，一台搅拌桩机不慎将地下的6条通信光缆线挖断，包括省长途干线48芯光缆、佛山本地3条108芯光缆、南海区24芯和36芯区域网，造成佛山至省长途干线、佛山市、南海区区域网络通信业务中断7小时，此次事故造成的损失超150万元。2010年12月某施工单位在明明已经被告知路边有国防通信光缆的情况下，依然开挖机施工，结果挖断3条正在使用的光缆，造成通信中断长达7小时11分钟，间接损失600多万元。由于通信设备分布点多、线长、面广，防护难度大，受经济利益驱使，一些不法分子铤而走险，大肆盗窃破坏通信设施，所造成的损失更是无法估量。

通信光缆网是国家经济建设的大动脉，根据自然灾害和人为因素对光缆设施的破坏特点，增加光缆网防灾抗灾的技术措施，特别是提高已部署光缆网的抗灾能力，关系到国家安全、经济建设、人民生活和社会稳定的大局。

1.2.2 网络大容量的发展需求

基于传统的波分复用技术以及密集波分复用技术的带宽利用方式，可以通过提高单个波长的传输容量来提高整个光网络承载的业务量，单波长传输容量正在从10G、40G、100G一直到400G甚至1T的过程进行演进。当前阶段随着高清电视、3DTV、物联网、云计算等宽带应用不断涌现，所需带宽持续增长，骨干网面临巨大的传输压力，100G DWDM大容量传输是缓解运营商传输压力的有效手段。2011年底起国内三大运营商纷纷展开100G测试，技术和产业链成熟度得到了充分验证，2012年已是100G正式在我国得到大规模商用的元年。为了进一步提高光纤的频谱利用率和网络传输容量，基于正交频分复用技术的灵活栅格弹性光网络成为目前研究热点。据最新的弹性传输系统的研究报告，实验室里已经能够实时地产生与实时地对 10.8 Tbit/s 和 26 Tbit/s 的全光 OFDM 信号进行傅里叶变换，使用 336 个子载波的 26 Tbit/s 速率的全光 OFDM 信号可以传输 50 km。由此可见，单根光纤或单个节点出现故障，给网络造成的损失将会比以前更大，中断的业务更多。若一根光线中有 80 个波长，每个波长上可以承载 100 Gbit/s 的业务信息，其中，40 个波长作为工作信道，IP/MPLS 层信息流的平均粒度为 1 Gbit/s。假设网络中出现单根光纤链路故障，则在 IP/MPLS 层实施生存性机制时，须并发处理 4 000 个中断业务的故障恢复请求，大量路由消息和信令消息的交互将使 IP/MPLS 层控制平面处于拥塞和瘫痪状态，严重影响业务的恢复成功率和恢复时间，进而影响业务的服务质量。对比，若在光层实施生存性机制，仅需对 40 个中断的光路进行故障恢复，这将大大提高业务的恢复成功率，缩减故障影响时间。如果传输容量达到 Tbit/s 的单根光纤失效，将影响 1 200 万对以上的电话业务，而对于 Pbit/s 级光交换节点出现故障后，将影响 120 亿对以上的电话业务。在美国，光纤网络中每根光缆的可用度为 96.5%，而无线网络的可用度为 99.985%。若假设每条光纤链路出现故障的概率为 0.03，在一个包含 100 条链路的格状网络中，同一时刻平均有 3 条链路并发出现故障，在 IP/MPLS 层和光层将会有 3 倍于单根光纤故障时的中断业务，而随着网络规模的扩大，并发出现随机故障的链路将会更多。而且，在多重故障情况下，一旦出现故障的链路集合包含物理光网络拓扑中的一个边割集，物理网络会被完全分割为两个独立的部分，造成两部分之间通信的完全中断。

随着通信光缆网中信号速率的增长和网络容量的大规模提高，多故障情况下的光网络面临着巨大的恢复压力，迫切需要快速高效地对受损的业务进行保护恢复，针对大容量光网络的生存性机制将是未来光网络研究的重点内容。

1.2.3　生存性技术的发展需求

由于多故障出现的随机性和突发性以及故障造成的恶劣影响，网络管理者不得不部署快速的故障定位机制、高效的保护和恢复机制来对中断的业务进行恢复，在这种情况下，网络的生存性技术应运而生。所谓网络生存性，是指在发生故障后，网络管理者能够利用空闲资源快速地为受影响的业务重新选路，使业务继续进行传输，以减少因故障而造成的社会影响和经济上的损失，使网络维护达到一个可以接受的服务水平。目前，光网络生存性研究主要针对环网和格状网络中单链路或单节点故障的保护恢复机制，已经有大量针对单故障的定位算法和保护恢复机制。图 1-1 描述了光网络组网生存性技术发展趋势。生存性的研究与网络的组网复杂性和网络形态有密切的关系。在 Mbit/s 粒度的网络中，多采用点到点保护；而在 Gbit/s 粒度的网络中演变成了保护环。而随着网络向全光网演进，在以 WDM Mesh 网为代表的 Tbit/s 级光交换中，应对多粒度的需求，具有智能控制平面辅助下的多种保护恢复方式开始主导。然而，在以 Pbit/s 的超多容量光网络中，组网异常复杂具有多层多域架构，更重要的是具有混合的可变带宽光交换与汇聚，这使得网络的组网和交换模式发生了革新，同时，如何考虑超大容量光网络的组网复杂性和脆弱性，在多故障场景下的智能生存性成为亟待解决的理论和技术问题。

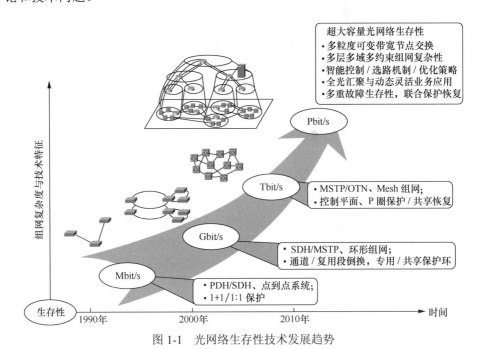

图 1-1　光网络生存性技术发展趋势

1.3　光网络多故障概述

1.3.1　光网络多故障的概念

伴随着大规模光网络的层次化和区域化，光网络的生存性问题也日趋复杂化。由于光网络每根光纤中波长通道的传输速率高达 Tbit/s 量级，光纤链路故障将导致大量业务中断。传统的针对 WDM 网络中光纤链路失效均考虑以单链路失效为主，但随着 WDM 光网络的规模化和复杂化，多故障发生的概率越来越大，尤其是在大规模多层多域光网络环境下，多故障时常发生，相对于网络的单故障，多故障造成的危害和损失更大，实现的保护恢复措施也更复杂。在多故障的环境下，传统网络保护恢复机制将面临着极大的挑战。

　　光网络中多故障是指在多层多域光网络中同一时刻发生的多个故障或者是在时间上相继发生且相互之间存在关联的多个故障。光网络组网的规模化、复杂化、层域化和信息不同步必然增加网络多重故障发生的概率，如图 1-2 所示。主要表现为以下两个方面。① 异构跨域多故障：对于异构多域光网络，每个域面临着各自独立的现实条件和业务环境，每一个域内或域间链路发生故障的概率相对独立，可能同时发生故障；同时，每个域都维护着本域中的拓扑和流量工程信息，而不同域之间的信息不可见，从而容易引发多个资源预留过程冲突，造成多故障。② 层间映射多故障：在底层（物理层）发生单故障可能引起逻辑拓扑中多条链路发生故障，随即网络逻辑拓扑连接断开，引发上层（IP 层）多故障；在传统网络中，层与层之间信息缺乏交互协调，没有多层联合优化设计，当某一层发生故障时，信息不同步会造成不同层之间故障冲突，甚至一个简单的单层故障将引发层与层之间的多故障；当然还包括单域并发多故障这种最为普遍的表现形式。

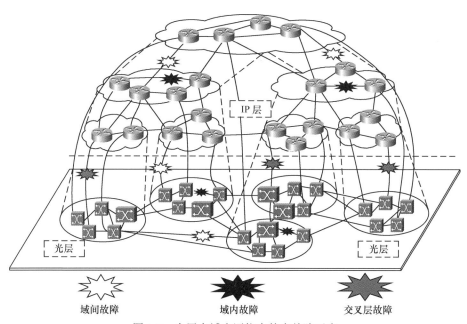

图 1-2　多层多域光网络中的多故障示意

1.3.2　光网络多故障面临的问题

　　生存性是光网络中的关键问题之一，而多故障下光网络的生存性问题是当前面临的极大挑战，具体表现为多层域、多故障、多约束 3M 问题。

问题 1：多层域网络结构的本质问题在于网络拓扑的私密性与信息在不同层域之间有效流通的矛盾，如何对层域光网络资源进行抽象与建模是关键所在。

为了便于研究网络的多故障问题，从光网络横纵划分入手，简化网络的组网结构，实现由平面化组网到立体化组网的演进。多层多域光网络中立体化网络资源建模是立体化组网的首要问题，通过在不同维度之间建立虚拟的逻辑链路，以增强网络的立体连通性。因为任意一个多面体都可以用同构的平面图表示出来，所以对应平面物理的 Mesh 网络可以通过某种特定的方法构造成立体化的多面体结构。通过寻找光网络物理拓扑存在的哈密尔顿圈，根据光网络物理拓扑和可能出现的并发故障链路的数目构建规则的层域化光网络立体化结构。如果光网络物理拓扑不存在哈密尔顿圈，则根据光网络物理拓扑和网络资源分配的特点，建立逻辑资源组网的立体化结构，利用贪婪算法寻找次优的多面体保护结构，建立层域化光网络的立体化模型，实现良好的立体化模型与立体化的资源优化策略。可见，层域光网络的立体化建模是亟待解决的首要科学问题。

问题 2：光网络多故障的本质在于网络连通性问题，如何提出新的保护理论，构造多连通度的拓扑结构成为关键。

针对层域化光网络多故障处理技术，通过立体化网络分析理论与网络资源性能评估机制，从理论层面深入解决网络资源的使用上限与下限，解决资源制约与立体化保护的关系；针对传统的保护恢复技术的不足，引入网络的立体化 P-Cube 保护理论，探索高效的网络资源使用率与快速可靠的保护理论，实现快速的多故障保护，降低多故障给网络带来的风险。以网络立体化的基本理论为切入点，通过深入分析立体化保护资源与冗余度理论之间的关系，围绕立体化网络的保护理论，探索新型面向立体化的保护结构和新的保护恢复技术，建立立体化网络资源与保护理论相结合的统一优化模型，提出连续故障间的相关性函数，丰富及完善立体化保护理论也是需要突破的关键科学问题。

问题 3：多面体构造所面临的多约束条件的核心问题在于如何分配最少的网络资源达到最佳的网络保护性能，进而达到资源最优化利用。

通过引入多面体的保护结构实现网络的立体化，把立体化、规则化的思想运用到层域光网络的保护恢复性技术中。从立体化逻辑组网角度入手，综合运用立体化网络连通性强的优点与网络具有的平行计算能力，运用 ILP 模型和启发式算法等不同的策略联合优化网络的性能，实现多故障保护恢复技术与多面体保护结构，优化网络的资源使用效率。其包含两个子问题。

一方面，为了满足光网络的 100%保护性能，针对传统 P-Cycle 保护结构的不足，根据光网络的物理拓扑和可能并发出现的故障链路数目，基于光网络链路上工作资源分布特点，构建规则化的多面体保护结构。结合光网络多故障产生机制与多面体保护结构的特点，研究优化的立体化保护结构。通过立体化保护结构与传统的 P-Cycle 保护结构比较，分析并验证在立体化网络与多面体保护结构下故障恢复率、恢复时间、资源使用效率等方面的性能。通过寻找最优的保护结构，实现保护资源冗余度最低，充分利用光网络中空闲带宽资源，实现保护结构的模型建立。

另一方面，结合多面体保护结构的特点，从立体化组网入手，通过寻找最优的多面体保护结构，实现从逻辑组网方面优化网络资源的分配模型。为了充分利用网络资源，特别是网络空闲资源，结合静态业务和动态业务的需求，建立静态资源分配模型与动态业务资源分配模型。基于这两种不同的业务模型，提出相应的资源优化算法。基于多面体保护结构，利用 ILP 模型研究立体化保护的资源分配与网络性能优化算法，利用启发式算法研究立体化保护的资源效率与保护恢复能力性能。比较 P-Cycle 保护与多面体保护结构之间的关系，研究两种保护结构的资源分配的效率与资源分配模型。

综上所述，问题 1 通过层域光网络立体化建模，为立体化保护理论的提出提供前提条件；问题 2 依托于层域光网络立体化组网，所建立的立体化保护理论为多面体保护结构的构造提供理论基础；问题 3 所构建的最优化多面体保护结构与资源分配策略是对上述两个问题解决方案的实际应用与性能验证。

1.3.3　光网络多故障的关键技术

为了保障网络的安全、可靠性，防止光网络因发生故障引起业务损失，并能够承受一定的风险，光网络中引入保护恢复机制。在传统点到点的线性化环形网络中，针对这种光网络的单链故障问题，通常引入端到端的保护机制，通过建立物理不相交的两条链路，即工作路径和保护路径。这样做主要目的是当保证业务发生故障时，能够最大可能性地确保在最短的时间内实现对业务无误保护，这种保护方式通常称为"1+1"保护。其针对单链路故障，能够提供 100%故障业务恢复，并且保证在 50 ms 内能够恢复受损业务，但这种保护方式的资源效率只有50%。为了进一步提高网络的资源使用效率，引入 M:1 的保护方式（$M>1$），即 M 条工作路径对应一条保护路径，这种保护方式虽然提高了网络资源的使用效率，保护时间也能得到保证，但是保护倒换方式复杂，在受损业务恢复过程中容易引发资源冲突与碰撞。

随着网络的进一步发展以及网络规模增大，特别是平面化 Mesh 网络的出现，传统的"1+1"保护方式并不能很好地解决光网络中保护技术与资源效率问题。针对 Mesh 网络的单故障问题，P-Cycle 保护技术不但解决了保护恢复速度问题，即具有环形网络的保护恢复时间，而且解决了资源使用与保护资源之间的效率问题，即只需要在 P-Cycle 环上预留保护资源，而节点之间的跨接链路不需要设置保护资源。然而，伴随着大规模光网络的层次化和区域化，其组网方式复杂化将导致光网络故障发生概率的增大，从而引发光网络多故障的产生，可见，光网络的生存性问题也日趋复杂化与日益突出。面对光网络多故障问题，传统意义上的单故障问题处理机制无法适应网络的需求发展，特别是面向线形"1+1"保护技术和面向平面形的 P-Cycle 保护技术，发展新一代保护恢复技术面临着迫切要求并且面临着巨大的挑战。可见，针对光网络多故障保护恢复问题，研究新一代保护恢复技术已成为光网络未来发展的强烈需求，为全方位攻克光网络多故障保护恢复技术奠定理论基础。

为了最大限度地快速保护与恢复受损业务，避免光网络中多故障所引发的国家重大经济损失。在多故障处理问题中，针对传统线形保护方式与平面形保护方式不足，迫切发展新一代保护恢复机制以克服传统"1+1"保护技术与 P-Cycle保护技术不足，既要考虑保护恢复时间问题，也需要考虑资源使用效率问题，如图 1-3 所示，发展立体化网络保护模型是未来光网络解决网络生存问题的必然结果。

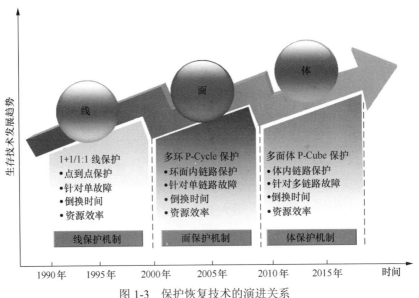

图 1-3 保护恢复技术的演进关系

第 2 章
多链路故障的定位技术

故障定位是光网络生存性的第一步，只有准确地进行故障定位，才能有效地对故障链路进行保护和恢复。但多故障定位从理论上来讲是一个 NP 问题，快速精确的故障定位需要有相关算法支持。本章介绍了故障告警机制，并在此基础上生成了 3 种多故障定位算法，有效地提高了定位精度。

2.1 多故障定位技术简介

2.1.1 故障告警与故障定位

广义的生存性包括故障告警、故障定位和故障保护机制。故障告警是指当网络发生故障时，能够反映当前网络异常状态的性能指标。网络中的故障是产生告警的根本原因，告警的出现表明网络中可能存在故障。通过分析观测所得告警信息，确定故障位置。告警经处理后，数量减少，说明其具有时间及空间的相关性。时间相关，是指告警产生具有时间先后性；空间相关，是指网络拓扑结构连通性导致的告警信息位置相关。通过时间及空间相关性处理，有助于对网络中冗余告警信息筛选，去除不必要的告警信息，分析有效告警信息，及时进行故障定位。在光网络中光功率、光信噪比（OSNR）、误码率（BER）等均可作为故障告警信息，在理论中，将其抽象为告警信号，其监测设备抽象为监测器（Monitor）[1,2]。

故障定位，即根据收集到的告警信息，通过一定方法确定网络中的故障位置及故障数量。故障是告警产生的诱因，而一旦确定网络中故障的精确位置，可以迅速精准地推断出告警。然而，依据告警信息反推故障位置的难度却很大，主要原因有两个：首先，由于网络拓扑的复杂性，在故障传播模型中，存在大量的冗余告警信息，增加了故障定位的难度；其次，因为故障传播模型、业务部署的复杂性，告警与故障的关系不是一一对应的，即使经过相关处理，也无法达到每次均准确定位故障的目的。在全光网中，故障定位需要克服如下问题[2]。

① 告警传递性。当网络一处发生断纤等故障时，由于拓扑的连通性，相关检测点均会产生告警，继而产生"牵一发而动全身"的后果。

② 网络透明性。故障检测机制受到全光网中透明节点的增加、光电光转换节点减少的约束，电域故障检测的设备无法直接迁移到光域。

③ 检测时效性。故障发生与故障检测存在时差，给时间敏感的全光网中故障定位造成了困难。

除此之外，故障定位还与网络中信令的传送方式和控制方式直接相关。因而，必须在充分了解全网配置信息以及业务信息的前提下，才能有效地进行精确故障定位。如何快速准确地进行故障定位，成为了网络生存性面对的首要问题。

2.1.2 故障定位的实现机制

2.1.2.1 故障定位机制综述

现有的故障管理系统可以分为集中式管理系统、分布式管理系统以及层次化管理系统。其中，集中式管理系统主要用于小规模的网络；分布式网络因其可扩展性，适用于中等规模的网络；层次化管理系统主要应用于大规模网络[3]。

① 集中式管理系统。在集中式管理系统中，存在一个中心管理节点，该节点能够监控网络中所有监测器的状态，发送所有的控制信息并收集所有监测器的告警信息。然后由主控节点完成告警的过滤、筛选以及处理，从而完成故障定位。在集中管理系统中，当本地节点发现异常时，即将本节点处理后的告警信息发送到中心管理节点处。由于全网的告警信息只有泛洪到中心的主控节点才能完成告警过滤及故障定位，因而延迟了故障定位时间和业务保护恢复时间。采用此系统，需要最优化地选取监测器进行激活，避免网络中存在大量冗余的告警。

② 分层分布式管理系统。在分层分布式管理系统中，每个节点地位平等，各个节点首先完成对故障的过滤，此种方式避免了中心节点处理大量告警信息而造成告警泛洪。网络拓扑被划分成监测域，并为每个监测域分配一个层级。

目前的故障定位机制包括自动控制及人工测试机制。

① 人工测试：当网络出现故障时，利用人力排查确定故障发生的具体位置，由于人力的参与，仅限小规模网络发生故障时使用，且不能保证受损业务的及时恢复。

② 自动控制：该方案用于故障发生时，通过查询业务信息，结合网络拓扑和告警信息完成故障定位。该种机制需要对大量的告警信息进行处理，因此涉及的算法也较复杂。

目前，全光网中使用的集中式故障定位流程如图 2-1 所示[4]。首先，将网络拓扑 G、业务集合 S、故障告警集合 ASS 作为输入，建立故障与告警关系的二部图，找到所有涉及的故障链路集合 E_f；然后，进行预处理，简化二部图，集合 E_f 中除去必定不产生故障的集合 E_{fn}，留下必定故障的集合 E_{fl} 和疑似故障的集合 E_{fs}；最后，利用故障定位算法，最终确定 E_{fs} 中的故障元素，从而确定网络中故障链路集合 E_{ff}。

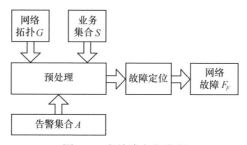

图 2-1　多故障定位流程

2.1.2.2　故障定位网络模型

1. 故障定位网络模型

$G(V,E,S)$ 用来定义网络模型，利用无向图描述该拓扑结构，通过构造相应的邻接矩阵来存储网络拓扑中顶点与链路的连通关系，其中，V 代表网络中的节点集合，v 代表任意节点，E 代表网络中的边集合，e 代表任意链路，链路均为无向链路，S 代表网络中承载的业务集合。任意节点集合中的节点 v_d 都有一个节点权重 $P(d)$，$P(d)$ 代表节点 v_d 因故障出现而产生告警的概率；任意链路集合中的链路都有一个链路权重 $P(e)$，$P(e)$ 代表链路发生故障的概率，这里假设每个链路发生故障的概率是相同的，并且所有链路之间是否发生故障是相互独立的；任意业务集合中的业务都可以标记为 (id,l)，其中，id 代表网络中承载业务的 ID 标号，l 代表承载业务的光路信息，id 和 l 能够唯一标记网络中的业务，通过某个业务的 id 和 l 信息，可以确定该业务经过的 e 数目（记为 N_e）以及与该业务有相同宿节点的业务数目（记为 N_s）。

2. 故障传播模型

除建立网络模型之外，需要阐述故障传播模型，因为有效的故障传播模型直接决定了生成的告警与故障的二部图，故障定位的处理核心是生成有效的二部图，在此二部图基础上完成故障定位。

本章所采用的故障传播模型仅考虑网络发生断纤故障，假设故障仅能被业务宿节点检测到。一旦某链路发生故障，由于涉及拓扑结构的连通性和业务配置方式，其下游业务均会受影响，因此，该故障传播模型符合全光网中故障传播的规律。尽管如此，同样也可以选择其他的故障传播模型，但是必须考虑两个问题：① 二阶的故障传播模型中，经过故障源节点的交叉光路也可以传播故障；② 若网络中存在屏蔽组件，则故障不会向下游传播。结合已经建立的故障传播模型以及网络模型，根据网络中拓扑和已建立的光路，我们可以得到告警集合 ASS、疑似链路集合 E_{fs} 以及相应的二部图。

2.1.3 多链路故障的定位方案

多故障定位是指根据网络管理中心收到的告警包运用有效手段，尽可能精确地定位多条链路故障的技术。根据监测器是否被预置监测路径并发送检测业务，多链路故障定位方法可以被分为被动方案和主动方案。

2.1.3.1 被动定位方案

被动定位方案中，网络管理中心不发送监测业务，根据收到的故障告警包，利用相关算法寻找导致该告警包可能的故障链路集合。被动定位方案可以分为两个阶段。

1. 经过预处理算法，得到故障和告警依赖关系的二部图

该图受到光网络拓扑和承载业务分布的约束。二部图的上部代表所有可能出现故障的链路，下部代表网络管理中心观测到所有的告警集合。预处理过程示例和形成的二部图，分别如图 2-2 和图 2-3 所示。

在图 2-2 中，网络建立 3 条端到端的光路：l_1 为 $v_c \rightarrow v_f \rightarrow v_e$；$l_2$ 为 $v_b \rightarrow v_c \rightarrow v_f \rightarrow v_g \rightarrow v_a$；$l_3$ 为 $v_b \rightarrow v_c \rightarrow v_f \rightarrow v_g \rightarrow v_h \rightarrow v_d$。宿节点 v_a、v_d 检测到信号丢失，宿节点 v_e 没有检测到任何异常。网络中出现的故障影响了光路 l_2 和 l_3，故 l_2 和 l_3 上的某些链路发生了故障，因为 v_e 没有检测到任何异常，可以保证链路 $v_c \rightarrow v_f$ 和 $v_f \rightarrow v_e$ 一定没有发生故障。若假设网络出现单链路故障，此时可以毫无疑问地确定网络出现故障的链路为 $v_f \rightarrow v_g$，因为链路 $v_f \rightarrow v_g$ 是光路 l_2 和 l_3 同时经过的链路，链路 $v_f \rightarrow v_g$ 故障可以导致光路 l_2 和 l_3 同时中断。而在多故障的情况下，网络管理者无法确定故障发生在哪些链路上，因为存在多种链路组合可以导致出现的告警，例如，$v_g \rightarrow v_a$ 和 $v_g \rightarrow v_h$，$v_b \rightarrow v_c$ 和 $v_h \rightarrow v_d$，$v_g \rightarrow v_a$，$v_g \rightarrow v_h$ 和 $v_h \rightarrow v +$ 故障都可以导致宿节点 v_a、v_d 检测到信号丢失，也就是说，在多故障情况下无法准确地定位发生故障的链路。

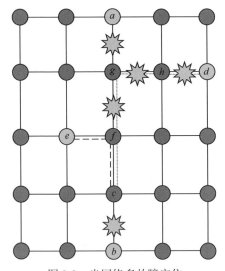

图 2-2 光网络多故障定位

根据告警与故障依赖关系，可以得到如图 2-3 所示的依赖关系二部图。可以看出，多故障定位问题与团集覆盖问题属于同一类问题。在算法计算复杂度理论中寻找最小的团集覆盖属于 NP-Complete 问题，因此，寻找包含最少元素的故障集合覆盖网络管理中心收到的所有告警包也属于 NP-Complete 问题。即使能够寻找到计算性能优良的启发式算法解决了 NP-Complete 困难，但是包含最少元素的故障集合可能不止一个，如何选择和处理这些集合依然十分困难。况且包含最少元素的故障集合并不一定是网络中真实发生的故障情况，网络管理者只是希望网络中发生故障的数目越少越好。

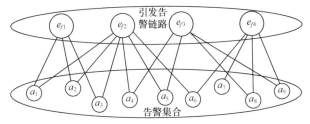

图 2-3 告警和故障依赖关系

预处理算法的伪代码见表 2-1。

表 2-1 预处理算法

输入：图 G，业务集合 S
输出：疑似故障链路集合 E_{fs}
1: $E_{fs} \leftarrow \varPhi$
2: **for** $s \in S$
3: **if** s 故障
4:    $E_{fs} = E_{fs} \bigcup l$,其中 $l \in s$
5: **end if**
6: **if** s 没有故障
7:    $E_{fs} = E_{fs}/l$,其中 $l \in s$
8: **end if**
9: **end for**

2．根据所得依赖关系图，运用有效的算法，寻找合适的故障链路集合

在二部图中，当存在一条线段连接故障集合中的元素和告警集合中的元素时，表明当此故障集合中的元素在网络中真实发生故障时，可以造成检测设备产生这个告警包。

以贪婪算法为例，贪婪算法的目标是使用最少链路导致所有告警。因此，在图 2-3 中，首先寻找故障链路 e_{f2}，可以导致 5 个故障告警。然后选择导致故障告警最多的链路（即 e_{f4}）可导致剩余的 3 个告警。而 e_{f2} 和 e_{f4} 可以产生所有告警信息，因此，根据贪婪算法计算的故障链路应该为 e_{f2} 和 e_{f4}。其过程如图 2-4 所示。其伪代码见表 2-2。

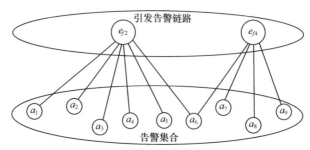

图 2-4　贪婪算法计算故障链路

表 2-2　贪婪算法

输入：图 G，疑似故障链路集合 F_S，故障告警集合 A
输出：最终故障集合 F_F

1：$F_F \leftarrow \Phi$
2：**While** $a != \Phi$
3：　**for** $f \in E_{fs}$ **do**
4：　　找到引起最多故障集 $f(a)$ 的故障 f
5：　　$E_{ff} = E_{ff} \cup f$
6：　　$A = A - f(a)$
7：　**end for**
8：**end while**

2.1.3.2　主动定位方案

随着光学器件的发展和监测手段的不断完善，近年来出现了一类基于主动监测业务定位算法。与被动算法相比，当主动算法在故障发生时，按照预置的监测业务路由，主动发送检测业务，如图 2-5 所示。然后通过检测业务产生的告警信息形成告警表，见表 2-3。其代表性的算法是由 Bin Wu 等人形成的 m 系列[5-7]与 Hongqing Zeng 等人的研究成果[8,9]。

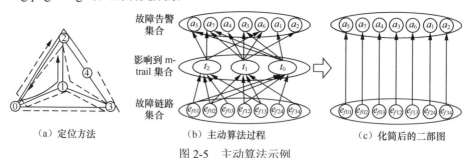

（a）定位方法　　　　（b）主动算法过程　　　　（c）化简后的二部图

图 2-5　主动算法示例

表 2-3　故障告警代码

链路	t_2, t_1, t_0	十进制权值
(0,1)	1　0　1	5
(0,2)	1　1　1	7
(0,3)	1　0　0	4
(1,2)	0　1　1	3
(1,3)	1　1　0	6
(2,4)	0　0　1	1
(3,4)	0　1　0	2

图 2-5 以 m-trail 算法为例，介绍主动算法的基本原理。m-trial 针对单故障场景，在网络运行之前，根据 m-trail 的约束条件，利用 ILP 算法，形成如图 2-5（a）所示的检测业务路由，即 t_2、t_1 和 t_0；路由建立后，在其宿节点安置监测器，每个监测器均有两个值，0 表示业务正常，1 表示业务不正常，由此产生的告警代码见表 2-3。例如，链路（0,1）故障，导致监测器 t_2 和 t_0 产生告警；根据相关告警信息，形成如图 2-5（b）所示的告警、监测路由、故障链路集合的关系图。化简图 2-5（b），最终得到告警信息与故障链路集合一一对应的二部图。其码表如图 2-5（c）所示。

由图 2-5 可以看出，主动算法可以精确地对故障进行定位，但其需要额外的监测资源，并且考虑到开启监测器的成本，因此，不能对多故障进行定位，使用时受到较大的限制。

本节在以往被动定位方案的基础上，形成了基于模糊隶属度的多链路故障定位技术和基于可信度的多链路故障定位技术，结合主动监测器，提出了融合多链路故障定位技术。

2.2　基于模糊隶属度的故障定位技术

2.2.1　模糊故障集的定义及其构建方法

模糊集合是指具有某个模糊概念所描述属性的对象的全体。模糊集拥有一个隶属函数（Membership Function，MF），其隶属度允许取闭区间[0, 1]中的任何实数，用来表示元素对该集的归属程度。我们将网络中所有可能发生故障的元素组织在一起，并为每个元素赋予表征发生故障风险程度的隶属度，构建包含所有故障风险元素的模糊故障集。设 X 为所讨论对象的全体，被称为论域。给定论域 X，x 为论域 X 中的任一元素。那么论域 X 上的模糊集合 $\tilde{A}$ 可以定义为

$$\tilde{A} = \{(x, \mu_{\tilde{A}}(x)) \mid x \in X\} \tag{2-1}$$

其中，函数 $\mu_{\tilde{A}}(x) \mid x \in X$ 被称为模糊集合 $\tilde{A}$ 的隶属函数，值 $\mu_{\tilde{A}}(x)$ 称为 x 对于 $\tilde{A}$ 的隶属度。隶属函数将 X 中的每个元素映射为 0 和 1 之间的隶属度。模糊集合的定义表明：论域 X 上的模糊集合 $\tilde{A}$ 由隶属函数 $\mu_{\tilde{A}}(x) \mid x \in X$ 来表征，$\mu_{\tilde{A}}(x)$ 的取值范围为闭区间[0, 1]，$\mu_{\tilde{A}}(x)$ 的大小反映了 x 对于模糊集合 $\tilde{A}$ 的从属程度。当 $\mu_{\tilde{A}}(x)$ 的值接近于 1 时，表示 x 对 $\tilde{A}$ 的从属程度很高；当 $\mu_{\tilde{A}}(x)$ 的值接近于 0 时，表示 x 对 $\tilde{A}$ 的从属程度很低；当 $\mu_{\tilde{A}}(x)$ 的取值只为{0, 1}时，$\mu_{\tilde{A}}(x)$ 蜕化成一个经典集合的特征函数，模糊集合 $\tilde{A}$ 也蜕化成一个经典集合。可以看出，经典集合是模糊集合的一种特殊形态，而模糊集合是经典集合概念的推广。

在多故障情况下，一个网络管理者针对网络中出现的异常情况，在他的思维中对于某个元素是否出现故障有着模糊性的判断。如同平时生活中许多模糊的概念，例如"年轻人""健康""大房子""傍晚"等，这些概念所描述的对象属性不能简单地用"是"或"否"来回答，模糊集合就是指具有某个模糊概念所描述属性的对象的全体。由于概念本身不是清晰的、界限分明的，所以对象对集合的隶属关系也不是明确的。模糊集合表示方法有很多种，对于离散的对象往往采用序偶表示法。当论域 X 为有限离散点集，即 $X = \{x_1, x_2, \cdots, x_n\}$ 时，将论域中的元素 x_i 与其隶属度 $\mu_{\tilde{A}}(x_i)$ 构成序偶来表示模糊集合 $\tilde{A}$，即

$$\tilde{A} = \{(x_1, \mu_{\tilde{A}}(x_1)), (x_2, \mu_{\tilde{A}}(x_2)), \cdots, (x_n, \mu_{\tilde{A}}(x_n))\} \tag{2-2}$$

将模糊集应用到光网络多故障定位，我们将所有网络元素（包括节点、链路）组成的全体称为多故障定位的论域。将所有可能出现故障的网络元素组成的集合称为模糊故障集合 F。在这里我们仅考虑链路故障，用 E 代表网络中链路的集合，x 代表其中的一条链路，模糊故障集合可以表示为

$$F = \{(x, \mu_F(x)) \mid x \in E\} \tag{2-3}$$

$\mu_F(x) \mid x \in L$ 为链路 x 在模糊故障集合 F 上的隶属函数，描述了链路 x 隶属模糊故障集合 F 的程度，$U_F(x)$ 取值越大表明链路 x 出现故障的可能越大。其中，隶属度 0 表示故障和告警没有任何关系，隶属度 1 表示告警和故障有确定的因果依赖关系，此时认为网络确实出现了隶属度为 1 的故障。

$$u_{A \cap B}(x) = \min(u_A(x), u_B(x)) \tag{2-4}$$

$$u_{A \cup B}(x) = \max(u_A(x), u_B(x)) \tag{2-5}$$

$$u_{\tilde{A}}(x) = 1 - u_A(x) \tag{2-6}$$

式（2-4）、式（2-5）和式（2-6）描述了模糊故障集合 A、B 的集合运算法则。式（2-5）主要应用在恢复过程中当计算一条跨越多个模糊故障集合的光路时，计算这条光路出现故障风险的程度。如上所述，在网络中建立的端到端的光路为 $l_1(v_c \rightarrow v_f \rightarrow v_e)$、$l_2(v_b \rightarrow v_c \rightarrow v_f \rightarrow v_g \rightarrow v_a)$、$l_3(v_b \rightarrow v_c \rightarrow v_f \rightarrow v_g \rightarrow v_h \rightarrow v_d)$，宿节点 v_a、v_d 检测到信号丢失，宿节点 v_e 没有检测到任何异常。在多故障情况下，链路 $v_b \rightarrow v_c$、$v_f \rightarrow v_g$、$v_g \rightarrow v_a$、$v_g \rightarrow v_h$ 和 $v_h \rightarrow v_d$ 都有可能成为故障的链路，模糊故障集将包含这些元素。图 2-6 给出了所有可能出现故障的链路的模糊隶属度，从图 2-6 中可以看出链路 $v_f \rightarrow v_g$ 的隶属度取值为 1，说明这条链路极有可能发生了故障，这也是传统故障定位的结果，但是并不能排除链路 $v_b \rightarrow v_c$、$v_g \rightarrow v_a$、$v_g \rightarrow v_h$ 和 $v_h \rightarrow v_d$ 没有出现故障，因此，我们将链路 $v_b \rightarrow v_c$、$v_g \rightarrow v_a$、$v_g \rightarrow v_h$ 和 $v_h \rightarrow v_d$ 的隶属度设置为 0.5，也就是说，如果一条恢复路径经过了其中的某两条链路，这条恢复路径失败的可能性会非常大。如何计算某个元素的模糊隶属度以及如何计算整条恢复路径的可靠性，是模糊故障集合能够应在多故障定位中的核心。

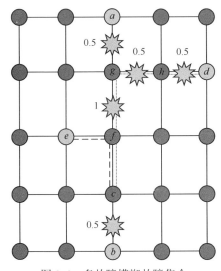

图 2-6　多故障模糊故障集合

计算每个可能出现故障的元素的模糊隶属度，首先需要获得可能故障集合和告警集合依赖关系的二部图。二部图的获得可以基于网络拓扑中建立的业务连接和网络管理中心收到的告警包来构建。

为了计算模糊故障集合中每个元素的模糊隶属度，这里提出两个假设。

① 模糊故障集合包含所有可能发生故障的网络元素；

② 每一次故障定位得出的故障集合中所有元素隶属度的总和为 1。

其中，假设①表明模糊故障集合是一个全集，包含所有可能出现故障的网络元素。假设②表明每次故障定位得出的故障集合可以导致网络管理处收到的所有告警。在告警和故障依赖关系的二部图中，使用 SYM_x 代表链路 e_x 发生故障后产生的所有告警，SYM 代表二部图下部中网络管理中心处收到的所有告警包。这里定义隶属度的计算方法，即

$$\mu_F(x) = \frac{SYM_x}{SYM} \tag{2-7}$$

$$\mu_F(x \bigcup y) = \frac{SYM_x \bigcup SYM_y}{SYM} \tag{2-8}$$

$$SYM_x \bigcup SYM_y = SYM_x + SYM_y - COM_{(x,y)} \tag{2-9}$$

其中，$COM_{(x,y)}$ 表示元素 x 导致产生的告警包与元素 y 导致产生的告警包中相同告警包的集合，也就是元素 x、y 导致产生的告警包交集。例如在图 2-3 中，元素 e_{f1} 可以导致产生的告警包集合为 $\{a_1, a_2, a_3\}$，在二部图的告警集合中总共有 9 个告警包，故障元素 e_{f1} 的隶属度就是为 3/9。而元素 e_{f1} 与元素 e_{f2} 同时故障可以导致产生告警包的集合为 $\{a_1, a_2, a_3, a_4, a_5, a_6\}$，因此，元素 $e_{f1} \bigcup e_{f2}$ 的隶属度就是 6/9。对于图 2-6 所描述的网络，图 2-7 给出了所有告警包和所有可能出现故障的元素的因果依赖关系二部图。其中，模糊故障集合总共包含 5 个元素，告警集合总共包含 2 个元素。利用式（2-7）和式（2-8）可以计算单个可能故障元素的模糊隶属度以及多个可能故障元素的模糊隶属度。基于上面给出的计算隶属度表达式可以得到每个可能故障元素的隶属度为：$F=\{(v_f{\rightarrow}v_g,\ 1),\ (v_b{\rightarrow}v_c,\ 0.5),\ (v_g{\rightarrow}v_a,\ 0.5),\ (v_g{\rightarrow}v_h,\ 0.5),\ (v_h{\rightarrow}v_d,\ 0.5)\}$。

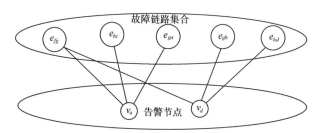

图 2-7　故障和告警依赖关系的二部图

模糊故障集合为处理网络中出现的多故障提供了一种有效的方法，利用模糊故障集合可以为后续的恢复机制提供评价新建光路风险程度的手段。提出模糊故障集合有以下意义。

① 包含所有可能的故障元素；
② 每个故障元素都有一个模糊的隶属度；
③ 模糊故障集合中的元素可以被当作网络风险资源来使用；

④ 模糊故障集合提供了一种处理网络风险资源的方法。

风险资源指的是处在模糊故障集中的网络设备和光纤链路，模糊故障集合有可能包含正常工作的设备。当网络中存在足够多的空闲资源时，不需要利用模糊故障集合中的风险资源进行业务的恢复，受影响业务的首尾节点直接在空闲的网络资源中通过最短路计算恢复路由，此时恢复路径可以完全保证受影响业务的重传；当网络中不存在足够的空闲资源时，模糊集恢复理提供了一种利用模糊故障集合中风险资源进行恢复的策略，为每条恢复路径定义了可靠性度量标准，尽量使用故障风险小的资源进行恢复。

模糊故障集合包含网络中所有可能出现故障的元素，并且每个元素都有一个表征发生故障程度的隶属度。要构建模糊故障集，首先要得到故障和告警包之间依赖关系的二部图。网络出现节点或者链路故障后，光网络中已经建立起来的光路可以分为两种：一种是不受故障影响正常工作的光路（NLP），另外一种是受到故障影响而业务中断的光路（DLP）。对于一条受到故障影响的光路，这条光路宿节点上游的所有链路都可能发生故障，因为宿节点上游的所有链路中任意一条发生故障都可以造成这条光路的宿节点产生告警。对于网络中正常工作的光路，我们可以推断所有正常光路经过的链路都是没有出现故障的。

在故障和依赖关系的二部图基础上再使用式（2-7）去计算每个元素的模糊隶属度，这样就可以得到模糊故障集。式（2-7）可以得到每个元素的模糊隶属度，但是不适用于计算一条光路的模糊隶属度，需要使用式（2-8）计算一条光路的模糊隶属度，这条光路的模糊隶属度也可以看作是这条光路存在故障风险的程度，使用式（2-9）计算一条光路经过多个模糊故障集合时的模糊隶属度。

2.2.2　基于 PCE 的多故障定位机制

多故障定位根据网络管理中心处收到的告警包，运用有效的算法寻找包含最少元素的故障集合。多故障定位机制主要处理两类链路故障：域间链路故障和域内链路故障。在多域全光网里，域内节点不具备信号检测功能，而只有域的边界节点和每条光路的目的节点进行光信号检测。在多域环境中，跨越多个域的路由通过分布式路径计算元素利用反向递归路径计算技术来实现，域内路由通过本域的路径计算元素来计算[10-12]。因此，多故障定位机制可以分为告警洪泛阶段和多故障定位阶段，告警洪泛阶段将域内告警包和相邻域的域间告警包发送给域内 PCE，多故障定位阶段在每个域内独立并行地进行多故障定位[13]。

1. 告警洪泛阶段

在 PCE 模型中包括一类有状态的 PCE，有状态的 PCE 能够存储网络中已经建立的光路，当有状态的 PCE 收到某个宿节点发送的告警包时，就可以快速地根据宿节点标识和业务标识查找到这个业务经过的所有链路。告警洪泛阶段主要完成以下任务。

① 出现多链路故障后，所有通过故障链路的光路都将会被中断。发生故障的多条链路可能分散在若干个域，而其中最复杂的情形是一条光路径同时受多条故障链路的影响。

② 若一条光路的目的节点检测到光信号丢失，它发送 INTRA_AEARM 消息包给它所在域的有状态 PCE，这个消息包中包含该光路的目的节点 ID 和以这个节点为目的节点的所有受影响的光路。

③ 若域的边界入口节点检测到故障，它发送 INTER_AEARM 消息包给其上游域的有状态 PCE，同时也发送给它所在域的有状态 PCE。INTER_AEARM 消息包中包含域 ID、节点 ID 以及所有来自上游域被影响的光路。

④ 若域的边界出口节点检测到故障，它发送 INTER_AEARM 消息包给其下游域的有状态 PCE，同时也发送给它所在域的有状态 PCE。INTER_AEARM 消息包中包含域 ID、节点 ID 以及所有经过这个域且受影响的光路。

2. 多故障定位阶段

为了定位域间链路故障，我们将一条光路分为域间部分和域内部分。首先根据收到的告警信息确定出现的故障属于域间链路故障还是域内链路故障，若不能确定一条域间的链路是否出现故障，就将此条链路放入模糊故障链路集合，然后在每个域内独立地进行多故障定位。

① 在告警洪泛阶段完成后，每个域的有状态 PCE 收到了所有通过本域的受影响光路而产生的告警信息。如图 2-8 所示，此时网络中存在 3 种典型的光路。

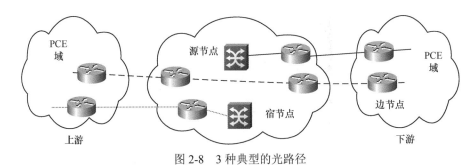

图 2-8　3 种典型的光路径

② 有状态的 PCE 将收到的告警包分为域间部分和域内部分。对于域间部分，若相邻域的边界节点中仅有一个产生了告警，此时故障链路位于这两个边界节点之间的链路。若相邻域的边界节点中两个边界节点都产生了告警，就此条链路放入模糊故障集，并且按照式（2-7）～式（2-9）来计算隶属度。若相邻域的边界

节点中都没有产生告警，此时这条链路是正常工作状态的链路。然后，PCE 将发送 INTER_FAUET_EOCATION 消息和模糊故障集消息给所有与它所在域相邻的域的有状态 PCE。

③ 在每个独立的域内进行故障定位如图 2-9 中所示，所有的边界节点被当作虚源节点或虚宿节点对待。

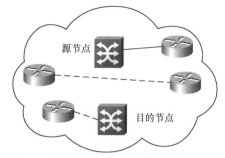

图 2-9　在每个独立的域内进行的故障定位

2.2.3　基于 AntNet 的光网络多故障容错方法

网络容错技术能够在不需要网络管理者定位出故障发生的具体位置情况下，由网络的控制平面自动地为受损的业务选择传输路径的功能。蚁群算法是对自然界蚂蚁的觅食寻路方式进行模拟而得出的一种仿生算法，充分利用了选择、更新和协调的优化机制，已经成功用于解决许多组合优化问题[14]。将蚁群算法应用到光网络容错中，定义启发式信息和信息素，建立生存性模型，为每条端到端的业务连接寻找可靠性最大的路径。

2.2.3.1　AntNet 多故障容错原理

容错就是当由于自然灾害或人为原因光网络中出现了链路、节点硬件故障或软件错误时，系统能够自动将中断的业务或拒绝的连接恢复到发生事故以前的状态，使系统能够连续正常运行的一种技术。保护和恢复都属于容错的范围，主要的区别是保护需要提前预留资源，恢复需要故障定位机制。保护策略需要根据网络最大可能出现的故障数目，根据网络中的工作资源进行备份资源的预留，建立保护通道，并使备份资源的利用率最大化，此时保护的结构通常是一个多维的结构。而恢复策略需要在出现故障后利用网络管理中心部署的故障定位机制，确定故障的数目和故障的位置，然后根据网络剩余的资源，进行恢复通道的建立，实现业务的不中断传输。

在实际的网络中，网络出现并发故障的数目是随机的，保护只能在一定程度上实现对故障的预防。网络管理者要预先知道需要保护的故障数目，才能求出备份资源最大共享条件下的一个最优的保护结构。在光网络中，由于故障向下游节点的传播，多故障定位属于 NP-Complete 问题，通常希望网络出现故障的数目越少越好，寻找包含最少元素的故障集合，但是这个包含最少元素的故障集合有可能并不是实际网络中真实发生的故障情况，带有很大的不确定性。

容错光网络不考虑故障的数目和故障的位置，不需要提前为故障进行备份资源的预留以及在恢复过程中进行的故障定位。由于光网络的固有特性，例如流量负载、网络拓扑以及多故障的时空出现，这些特性都具有明显的随机性，而且会随着时间发生变化。蚂蚁网络（AntNet）是对蚁群优化算法的一个直接扩展，蚁群优化元启发式算法是受到真实蚂蚁行为的启发而发展起来的。AntNet 算法主动地探索所有路径的可靠性，它能自动地将受损的业务倒换到正常的网络资源中以及对即将到来的业务选择可靠性高的路径上去。

用 AntNet 算法主动地探索所有路径的可靠性，建立本地的生存性模型，主要包括以下步骤[15]。

步骤 1：每隔一定的时间间隔，与数据流的传输并发，在每个网络节点中，人工蚂蚁根据流量分布选择目的节点并异步地向这些节点移动。

步骤 2：人工蚂蚁之间既协同工作又相互独立。它们通过在本地节点中读写信息素，以间接的途径（即媒介质的方式）相互交流。

步骤 3：每个人工蚂蚁都搜索一条连接它的源节点和目的节点可靠性最高的链路。

步骤 4：所有的人工蚂蚁都是一步接一步地朝目的节点前进。每个中间节点上，蚂蚁都使用一个贪婪随机策略来选择下一个要到达的节点。这个策略要使用到：本地节点上的人工信息素、本地节点基于链路可靠性的启发式信息、蚂蚁的记忆存储。

步骤 5：在移动过程中，人工蚂蚁收集以下信息：链路拥塞状态、物理损伤以及所经过的路径节点标识符。

步骤 6：一旦到达目的节点，蚂蚁就沿着同样的路径朝相反的方向返回源节点。

步骤 7：在返回源节点的过程中，人工蚂蚁使用以它经过的路径和此路径的可靠性为变量的函数，调整网络状态的本地节点模型以及每个访问过的节点的信息素。

步骤 8：人工蚂蚁一旦返回源节点就会被系统删除。

AntNet 一个特殊的地方在于要将信息素 τ_{ijd} 规格化为 1，即

$$\sum_{j \in Ni} \tau_{ijd} = 1, \quad d \in [1, n], \quad \forall i \tag{2-10}$$

其中，τ_{ijd} 表示节点 v_i 若经过节点 v_j 最终到达目的节点 v_d 时的信息素，它代表节点 v_i 选择节点 v_j 作为下一跳以到达目的节点 v_d 的可能性。v_{Ni} 代表所有与节点 v_i 所邻接的节点，$[1, n]$ 代表网络中所有的节点标号。

另外，在 AntNet 中，每个节点 v_i 都保留一个节点所见流量情况的简单参数模型 Mi 用于评价人工蚂蚁构造的路径，模型 $M_i(u_{id}, \delta_{id}^2, W_{id})$ 是自适应的，μ_{id} 是蚂蚁成功到达目的节点的次数均值，δ_{id}^2 是样本方差，W_{id} 是一个移动观察窗口，它用来记录蚂蚁遍历可能性最高的结果 W_{best_id}。对于网络中的每个目的节点 v_d，均值估计 μ_{id} 和方差 δ_{id}^2 表现的是从节点 v_i 到节点 v_d 的期望时间以及它的稳定性。图 2-10

给出了基于 AntNet 的光网络多故障容错方法中人工蚂蚁使用的数据结构。

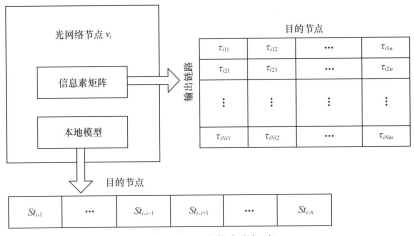

图 2-10　节点信息素矩阵

2.2.3.2　AntNet 解的构建

每隔一定的时间间隔 Δt，网络中的每一个节点 v_s 都有一只目的节点为 v_d 的正向蚂蚁 $e_{fs} \rightarrow v_d$ 出发，它的任务是找到一条通往 v_d 可靠性最高的路径，并且沿途调查网络的物理损伤状况。正向蚂蚁与光网络中的数据分组共享相同的物理链路，因此，他们遇到的网络故障情况是相同的。我们根据本地工作负载生成的数据流量模式来选择目的节点：假使 f_{sd} 是数据流 $v_s \rightarrow v_d$ 的测量函数，那么在节点 v_s 创建一只目的节点为 v_d 的正常蚂蚁的概率定义为

$$P_{sd} = \frac{f_{sd}}{\sum\limits_{i=1}^{n} f_{si}} \qquad (2\text{-}11)$$

通过这种方法，蚂蚁根据变化的数据流量分布来调整它们的探索行为。在向目的节点行进的过程中，正向蚂蚁会保存他们的路径以及物理损伤状况。蚂蚁按照以下的步骤来建立路径。

① 在每个节点 v_i 上，目的节点为 v_d 的蚂蚁在没有访问过的相邻节点中选择下一个要访问的节点 v_j，如果所有的相邻节点都访问过，则在他们全体中选择。选择相邻节点 v_j 作为下一个遍历节点的概率 P_{ijd} 是信息素 τ_{ijd} 与启发式值 η_{ij} 的规格化和，并考虑到当前节点 v_i 的第 v_j 个链路队列的状态，即

$$P_{ijd} = \frac{\tau_{ijd} + \alpha \eta_{ij}}{1 + \alpha(|N_i| - 1)} \qquad (2\text{-}12)$$

信息素的值是一个持续学习过程中的输入结果，它把握了本地节点所见整个

网络的当前和过去的状态。

② 到达了目的节点 v_d 后，前向蚂蚁将生成另外一只逆向蚂蚁，它把自己所有的记忆转移给逆向蚂蚁，而自身将被删除。

③ 没有到达目的节点 v_d 的前向蚂蚁可能走进出现故障的链路或者节点，相当于前向蚂蚁提前死亡，不会进行信息素的更新。

数据结构的更新：网络各条链路上的信息素都在不断地进行挥发，达到了目的节点的前向蚂蚁生成逆向蚂蚁，然后对所有以节点 v_d 作为目的节点的网络中间节点更新生存性的本地模型 M_i 和信息素矩阵 T_i。用逆向蚂蚁记忆中的值来更新 M_i，AntNet 使用了以下的指数模型来计算统计值。

$$\mu_{id} \leftarrow \mu_{id} + \varsigma(O_i \rightarrow d - \mu_{id}) \tag{2-13}$$

$$\sigma_{id}^2 \leftarrow \sigma_{id}^2 + \varsigma((O_i \rightarrow d)^2 - \sigma_{id}^2) \tag{2-14}$$

其中，$O_i \rightarrow d$ 是最近观测到人工蚂蚁从节点 v_i 到节点 v_j 的遍历时间，因子 ς 衡量最近样本在更新平均值时占的比重。

2.2.3.3　仿真结果

仿真实验主要针对域间链路和域内链路故障进行，网络拓扑采用两个 COST239 与两个 NSFNet 互联模型，具体如图 2-11 所示，其中，COST239 拓扑包含有 11 个物理链路节点和 25 条物理链路。

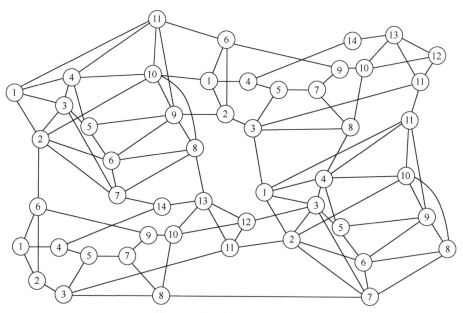

图 2-11　多故障定位仿真拓扑

仿真实验在大规模仿真平台上实现基于模糊故障集合的多故障定位，利用蚁群优化算法实现多故障定位和扩展的 LVM 多故障定位协议，平台基本功能采用了 IETF 的 GMPLS 协议，域内路由采用集中式的路径计算元素方式，域间采用反向递归路径算法来计算跨域的光路[13]。网络类型为全光网（只有每条光路的宿节点或者域的边界节点可以检测到故障）。仿真仅考虑链路故障，域内物理链路上随机地产生 3 条和 4 条链路故障，产生故障的光路的宿节点都能够检测到故障，域间随机地产生双链路故障。物理拓扑上任意两个节点承载的业务采用泊松分布。业务的路由采用单元最短路径算法实现，不考虑资源约束，方案旨在验证多故障定位方案。仿真实验主要验证域间链路故障的成功率，域内基于蚁群的多故障定位机制和 LVM 链路定位机制。因为基于模糊故障集合的多故障定位机制主要的任务是得到包含所有故障元素的模糊故障集合，并且为每个风险资源分配模糊隶属度用于备份路由的可靠性计算，因此，在基于模糊故障集合的多故障恢复方案中对模糊故障集合进行仿真验证，主要进行基于模糊故障集合的恢复成功率以及基于贪婪算法的恢复成功率。

基于蚁群优化的多故障定位机制，主要在获得告警和故障依赖关系的二部图后，在故障集合中寻找包含最少元素的故障集合覆盖网络管理中心收到的所有告警包，此时目标函数是找到的故障集合中元素越少越好，然后与网路中真实发生的故障进行对比，可以验证多故障情况下的定位困难。蚁群优化采用的信息素的计算依赖每次得到的故障集合中故障数目，启发式信息为在二部图中每个故障的节点度，节点度越大表明这个故障可以造成更多的告警，蚂蚁越是倾向于选择这个故障作为故障集合中的元素。基于 LVM 协议的多故障定位主要把通过把每个故障单独地放在一个独立的 Limited-Perimeter 中进行故障定位。

在图 2-12 和图 2-13 中，域间计算多故障定位成功率的方式为：故障数目和定位的故障与预先设置的故障数目和故障完全一致，则认为多故障定位成功，否则失败。域内计算多故障定位成功率的方式为成功的故障数目除以得到的故障集合的故障数目。图 2-12 和图 2-13 中的仿真曲线表明，随着故障数目的增加，蚁群优化要逐渐优于扩展的 LVM 协议，蚁群优化算法能够找到包含最少故障元素的故障集合，在大规模和多故障情况下，蚁群算法取得更优的性能。针对 LVM 协议，协议只能寻找几个最可能发生的故障，并不能保证故障真实发生在网络中。图 2-14 表明需要洪泛的消息报的数目对比，随着网络中光路的增多，模糊故障机和需要洪泛的消息包要远小于 LVM 的协议包。

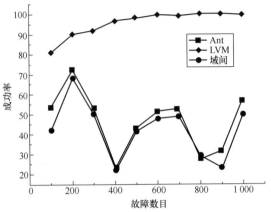

图 2-12　三故障情况下的成功率对比

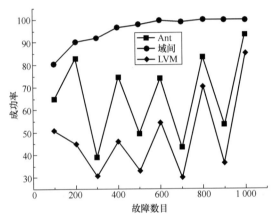

图 2-13　四故障情况下成功率对比

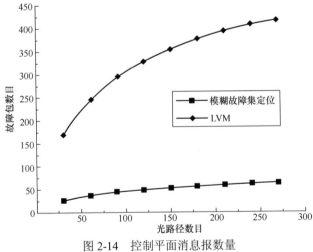

图 2-14　控制平面消息报数量

2.3　基于可信度模型的故障定位技术

2.3.1　基于不确定性推理的故障定位技术

在现实世界中，由于事物发展客观规律的复杂性以及人们掌握知识的不完备性，所以在客观世界中，处理事务及其关系时带有一定的不精确性和不完备性。面对这种特性，如果利用已有的确定性推理方法进行解决，则会舍弃一部分有用信息，从而导致决策失误。基于上述问题，不确定推理技术产生并发展来解决这些具有不确定性的客观问题。

2.3.1.1　不确定性推理技术的基本原理

不确定性推理是指由于证据的不完备性以及规则的不确定性，所得出的结论带有一定的不确定性，但合理或者近似合理。同时，不确定性推理是一个知识不确定性的动态累积与传递过程，推理过程中所进行的每一步推理都需要考虑证据和规则的不确定性，通过不确定测度的传递计算，完成最终结论的不确定测度。因此，要实现不确定性推理技术，需要完成对不确定性知识的表示、不确定性的计算以及不确定性语义等问题处理。

1.　不确定性表示

不确定性的基本问题之一就是如何描述不确定性以及推理技术中的相关概念，并且选择用数值或是非数值的语义来表示不确定性。数值表示便于计算，通过一个介于 0 到 1 之间的权重值来表示不确定性的大小，1 表示完全肯定，0 表示完全不肯定。非数值的语义表示是一种定性的描述。

2.　不确定性计算

不确定性计算是指经过不确定性的传播与更新，获取新信息的过程。在专家给出的规则强度以及用户出具的原始证据均不确定的情况下，定义一组函数，求出对结论不确定性程度的度量。计算问题主要是不确定性更新、不确定性合成和组合证据的不确定算法等问题。其中，不确定性更新为如何利用证据的不确定性和规则的不确定性去更新结论的不确定性，在多步推理中，将初始证据的不确定性传递给最终的结论；不确定的合成，指在推理过程中根据不同的知识，利用不同的方法进行推理，得到的结论相同，但是不确定性的程度却不同；组合证据的不确定性计算问题指已知两个证据的不确定性度量，分别求这两个证据的析取和合取的不确定性。

3.　不确定性语义问题

不确定性语义问题就是指上述的不确定性表示以及不确定性计算是什么，E 用来表示证据，H 用来表示结论，$CF(H, E)$ 是当证据 E 为真的前提下，推断结论 H 为真的一种度量。

对规则的不确定性度量 $f(H, E)$ 取值的典型情况定义如下。

① 若 E 为真，则 H 为真；

② 若 E 为真，则 H 为假；

③ E 对 H 没有影响。

对证据的不确定性度量 $CF(E)$ 取值的典型情况定义如下。

① E 为真；

② E 为假；

③ 对 E 一无所知。

一旦规定了不确定性的表示、计算方法，并对相关语义加以解释，那么就可以从初始证据出发，得出相应结论的不确定性度量。

2.3.1.2　基于可信度模型的推理技术

可信度模型是 Shortliffe 提出的一种基于确定性理论的不确定性推理模型，该种模型结合了概率论与模糊集合论的相关推理方法。在 CF（Credibility Factor，可信度因子）（以下简称可信度）模型中，通过 CF 来进行不确定性的度量，通过对 $CF(H, E)$ 计算，来探讨证据 E 对结论 H 的定量支撑程度。

（1）可信度

可信度就是指凭借经验对某个现象为真的信任程度。

可信度的定义是信任度与不信任度之差，$CF(H, E)$ 定义式为

$$CF(H,E) = MB(H,E) - MD(H,E) \tag{2-15}$$

其中，$MB(H, E)$ 是信任增长度（Measure Belief），表征当有与证据 E 匹配的证据出现时，结论 H 为真的信任增长程度，$P(H)$ 是 H 的先验概率，$P(H|E)$ 是 E 为真时 H 为真的条件概率。$MB(H, E)$ 的定义式为

$$MB(H,E) = \begin{cases} 1, & P(H) = 1 \\ \dfrac{\max\{P(H|E), P(H)\} - P(H)}{1 - P(H)}, & \text{其他} \end{cases} \tag{2-16}$$

$MD(H, E)$ 是不信任增长度（Measure Disbelief），表征当有与证据 E 匹配的证据出现时，结论 H 为真的不信任增长程度。$MD(H, E)$ 的定义式为

$$MD(H,E) = \begin{cases} 1, & P(H) = 0 \\ \dfrac{\min\{P(H|E), P(H)\} - P(H)}{-P(H)}, & \text{其他} \end{cases} \tag{2-17}$$

$MB(H, E)$ 和 $MD(H, E)$ 具体关系如下。

当 $MB(H, E) > 0$ 时，有 $P(H|E) > P(H)$，即证据 E 增加了结论 H 的概率。

当 $MD(H, E) > 0$ 时，有 $P(H|E) < P(H)$，即证据 E 降低了结论 H 的概率。

根据上述对可信度 $CF(H, E)$、信任增长度 $MB(H, E)$、不信任增长度 $MD(H, E)$ 的定义，可得到 $CF(H, E)$ 的计算式为

$$CF(H,E) = \begin{cases} MB(H,E) - 0 = \dfrac{P(H \mid E) - P(H)}{1 - P(H)}, & P(H \mid E) > P(H) \\ 0, \quad P(H \mid E) = P(H) \\ 0 - MD(H,E) = \dfrac{P(H) - P(H \mid E)}{-P(H)}, & P(H \mid E) < P(H) \end{cases} \qquad （2\text{-}18）$$

（2）可信度性质

根据上述对可信度 $CF(H, E)$、信任增长度 $MB(H, E)$、不信任增长度 $MD(H, E)$ 的定义，可得到如下可信度的性质。

① 互斥性。对同一个证据而言，它不可能既增加了对结论 H 的信任程度，又同时增加了对结论 H 的不信任程度，$MB(H, E)$ 与 $MD(H, E)$ 互斥，当 $MB(H, E)>0$ 时，$MD(H, E)=0$；当 $MD(H, E)>0$ 时，$MB(H, E)=0$。

② 值域为 $0 \leqslant MB(H, E) \leqslant 1$、$0 \leqslant MD(H, E) \leqslant 1$、$-1 \leqslant CF(H, E) \leqslant 1$。

注：MYCIN 和 EXPERT 等系统中，取可信度的范围为–1 到+1，其他系统取值为 $0 \leqslant CF(H, E) \leqslant 1$。

③ 典型值。

当 $CF(H, E)=1$ 时，$P(H \mid E) = 1$，证据 E 的出现，使结论 H 为真。此时 $MB(H, E)=1$，$MD(H, E)=0$；

当 $CF(H, E)=-1$ 时，$P(H \mid E) = 0$，证据 E 的出现，使结论 H 为假。此时 $MB(H, E)=0$，$MD(H, E)=1$；

当 $CF(H, E)=0$ 时，$P(H \mid E) = 0$，证据 E 的出现，不影响结论的真假。此时 $MB(H, E)=0$，$MD(H, E)=0$；

④ 对结论 H 的信任增长度等于结论非 H 的不信任增长度。

根据对 $MB(H, E)$、$MD(H, E)$ 的定义以及概率的性质，可得

$$MD(\neg H, E) = \frac{P(\neg H \mid E) - P(H)}{\neg P(\neg H)} = \frac{1 - P(H \mid E) - (1 - P(H))}{-(1 - P(H))}$$

$$= \frac{-P(H \mid E) + P(H)}{-(1 - P(H))} = MB(H, E) \qquad （2\text{-}19）$$

根据 CF 的定义以及 MB、MD 的互斥性，可得

$$\begin{aligned} &CF(H,E) + CF(\neg H, E) \\ &= (MB(H,E) - MD(H,E)) + (MB(\neg H, E) - MD(\neg H, E)) \\ &= (MB(H,E) - 0) + (0 - MD(\neg H, E)) \\ &= MB(H,E) - MD(\neg H, E) = 0 \end{aligned} \qquad （2\text{-}20）$$

式（2-20）表明如下。

- 对结论 H 的信任增长度等于对结论非 H 的不信任增长度。
- 对结论 H 的可信度与对结论非 H 的可信度之和等于 0。
- 可信度区别于概率，概率存在如下性质，即

$$P(H)+P(\neg H)=1, \ P(H) \geqslant 0, \ P(\neg H) \leqslant 1 \qquad (2\text{-}21)$$

而可信度不满足以上条件。

对同一证据 E，若支持若干个不同结论 $H_i\left(i=1,2,3,\cdots,n\right)$，则有

$$\sum_{i=1}^{n} CF(H_i,E) \leqslant 1 \qquad (2\text{-}22)$$

（3）可信度的相关表示

① 知识不确定性表示。

在 CF 模型中，可信度因子表示为

$$CF(H,E)：\text{if } E, \text{then } H \qquad (2\text{-}23)$$

其中，E 是证据；H 是结论；$CF(H,E)$ 是可信度，表示知识的静态强度。式（2-23）代表根据证据 E 推断结论 H 为真的信任程度。

② 证据不确定性表示。

在 CF 模型中，证据 E 的不确定性用可信度 $CF(E)$ 来表示，取值范围是[-1, 1]，典型值如下所示。

当 $CF(E)=1$ 时，表明该证据肯定它为真；

当 $CF(E)=-1$ 时，表明该证据肯定它为假；

当 $CF(E)=0$ 时，表明对证据一无所知；

当 $0<CF(E)<1$ 时，表明证据 E 以 $CF(E)$ 程度为真；

当 $-1<CF(E)<0$ 时，表明证据 E 以 $CF(E)$ 程度为假。

其中，$CF(E)$ 是证据的动态强度，尽管在表示方法上与知识的静态强度类似，但是二者的含义却不尽相同。$CF(H,E)$ 表示规则的强度，即当证据 E 为真时，对结论 H 的影响程度；而 $CF(E)$ 表示证据 E 的不确定性程度。

证据的可信度来源有两种：① 用户提供的可信度；② 当先前推导出的中间结论是当前推理的证据时，可信度是利用不确定性的更新算法计算得到的。

③ 组合证据的不确定性表示。

根据证据的组合方式，可分为合取和析取两种情况。

当多个单一证据合取形成组合证据时，$E=E_1 \text{ and } E_2 \text{ and} \cdots E_n$。

若已知 $CF(E_1), CF(E_2), \cdots, CF(E_n)$，则

$$CF(E) = \min\{CF(E_1), CF(E_2), \cdots, CF(E_n)\} \qquad (2\text{-}24)$$

当多个单一证据析取形成组合证据时，$E = E_1 \text{ or } E_2 \text{ or} \cdots E_n$。

若已知 $CF(E_1), CF(E_2), \cdots, CF(E_n)$，则

$$CF(E) = \max\{CF(E_1), CF(E_2), \cdots, CF(E_n)\} \qquad (2\text{-}25)$$

④ 否定证据的表示为

$$CF(\neg E) = \neg CF(E) \qquad (2\text{-}26)$$

（4）基于可信度的推理算法

在 CF 模型中，从初始带有不确定性的初始证据出发，运用不确定性知识（规则），逐步推导出最终带有不确定性结论的过程，每一次运用不确定性知识，都需要对证据的可信度以及规则的可信度进行计算，从而得出最终结论的可信度。

当证据存在且证据肯定为真（$CF(E)=1$）时，有 $CF(H)=CF(H, E)$，这再次表明规则强度 $CF(H, E)$ 就是在前提条件对应证据为真的情况下，结论为 H 的可信度。

当证据不肯定存在且不肯定为真（$CF(E) \neq 1$）时，其计算式为

$$CF(H) = CF(H, E) \cdot \max\{0, CF(E)\} \qquad (2\text{-}27)$$

式（2-27）表明，若 $CF(E)<0$，对应的证据以某种程度为假时，$CF(H)=0$，并且在该模型中没有考虑证据为假时，对结论 H 的影响。

当证据由多个条件组合而成时，如果两个证据能够推出同一个相同的结论，并且这两条证据前提上相互独立，结论的可信度不相同时，则用不确定性的合成算法求出最终结论的综合可信度，表达式如下所示。

假设现在有如下规则。

$$CF(H, E_1): \text{if } E_1, \text{ then } H \qquad (2\text{-}28)$$

$$CF(H, E_2): \text{if } E_2, \text{ then } H \qquad (2\text{-}29)$$

最终求解结论 H 的综合可信度可以分两步。

第一步：分别根据每条规则求出其可信度 $CF(H)$。

$$CF(H) = CF(H, E_1) \cdot \max\{0, CF(E_1)\} \qquad (2\text{-}30)$$

$$CF(H) = CF(H, E_2) \cdot \max\{0, CF(E_2)\} \qquad (2\text{-}31)$$

$$CF(H) = \begin{cases} CF_1(H) + CF_2(H) - CF_1(H) \cdot CF_2(H), & CF_1(H) \geqslant 0,\ CF_2(H) \geqslant 0 \\ CF_1(H) + CF_2(H) + CH_1(H) \cdot CF_2(H), & CF_1(H) < 0,\ CF_2(H) < 0 \\ \dfrac{CF_1(H) + CF_2(H)}{1 - \min\{|CF_1(H)|, |CF_2(H)|\}}, & CF_1(H) \text{ 与 } CF_2(H) \text{异号} \end{cases} \qquad (2\text{-}32)$$

第二步：运用式（2-32）求解在 E_1 和 E_2 组合条件下的结论 H 的可信度。

式（2-32）是 EMYCIN 系统在 MYCIN 系统上修改形成的表达式。如果由多条证据推出同一个结论时，前提是这些证据相互独立，并且证据可以包含多个证据，这时需要逐条对多个证据进行合成。

至此，本章节详细描述了不确定性推理技术中的相关概念、表示方法以及相关的可信度推理计算方法，以下章节将运用上述的理论构建应用于多故障定位的可信度模型。

2.3.1.3　基于可信度模型的故障定位技术

以上部分详细论述了不确定推理技术以及可信度，不确定推理技术就是利用带有不确定性的初始证据，根据相关的不确定推理方法，推出合理的、带有不确定性结论的过程，并利用可信度因子衡量这个推理过程的信任程度。基于此，本节引入可信度的概念，建立起应用于全光网中的可信度模型，利用可信度的不确定性推理计算方法，结合概率知识和模糊数学的推理技术，进行告警与疑似链路之间因果关系的不确定性推理，推出最终疑似故障链路集的过程，进而实现全光网中的多故障定位。

完成网络模型以及故障传播模型的建立后，开始建立本节核心的可信度模型。在上面的描述中，我们知道可信度因子能够很好地衡量出基于证据推断出某些结论的可信程度大小，因此，我们的目标就是利用可信度来描述基于某些业务中断，宿节点产生的告警信息，来推断具体是哪些链路发生故障，进而完成多故障定位，得到最可能的疑似故障链路集。因此，全光网中可信度模型可以建立为

$$CF(e,v):v \to e \tag{2-33}$$

式（2-33）代表某个业务的宿节点是 v，当节点 v 因为某个链路发生故障而致使位于 v 处的监测器产生告警信息，利用 $CF(e, d)$ 来衡量链路 e 是引起 v_d 告警的疑似故障链路可信度。可以用式（2-34）和式（2-35）来分别计算该节点发生故障推断链路 e 是故障链路的可信度以及节点 v_d 发生告警的概率。

$$CF(e,d) = \frac{P(e|d) - P(d)}{1 - P(e)} \tag{2-34}$$

$$P(d) = 1 - \prod_{i \in N_{sd}} [1 - P(e)]^{N_{ei}} \tag{2-35}$$

式（2-34）代表一旦链路 e 发生故障，节点 v_d 产生告警的可信度，其中，$P(e|d)$ 是当节点 v_d 产生告警，链路 e 是故障链路的条件概率；$P(e)$ 是链路的权重，即链路发生故障的概率，可以用式（2-35）来计算，表示节点产生告警的概率，其中，N_{ei} 表示第 i 个业务经过的链路个数，N_{sd} 是具有相同宿节 v_d 的业务个数。

常见的链路结构可以精简为图 2-15 所示。其中，节点 v_D 为业务的宿节点，

那么经过该节点的业务若是单业务，则这时业务的路由可以抽象为图 2-15（a）图所示的链路结构；若宿节点 v_D 的业务不止一个时，可以抽象为图 2-15（b）图所示的链路结构，以两个业务均以节点 v_D 为宿节点为例，此时每个业务的链路结构如图 2-15（a）所示。当 v_D 节点是单业务的宿节点时，如图 2-15（a）所示，设每个链路的故障概率为 $P(e)$，那么 v_D 节点产生告警的概率是 $P(v_D)=1-(1-P(e))^2$，因为在图 2-15（a）中，宿节点为 v_D 的业务 S_1 经过的链路数 2，每个链路正常的概率是 $1-P(e)$，节点 v_D 产生告警则该业务经过的链路至少有一条发生故障，根据概率的相关性质，可以得到上述的结果。当多业务的宿节点相同时，先计算每个单业务全部正常的概率，宿节点产生告警，则代表至少有一个业务发生了故障，因而利用同样的方法，只需要得到具有相同宿节点的业务数目即可，进而可以推广到宿节点相同的业务数为两个以上的情况，计算结果如式（2-35）所示。

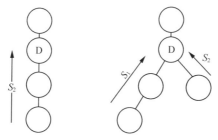

（a）v_D 节点是单业务宿节点　　（b）v_D 节点是多业务宿节点

图 2-15　精简的链路结构

根据全概率公式，$P(e|d)$ 可以用式（2-36）来代替。在式（2-36）中需要注意的是 $P(d|e)$ 有两种情况：第一种情况，链路 e 发生故障会引起宿节点 v_d 告警，因为有宿节点为 v_d 的业务经过链路 e，因而链路 e 发生故障与宿节点 v_d 告警相关；另一种情况，宿节点为 v_d 的业务不经过链路 e，因而链路 e 发生故障与否，与宿节点告警不相关，在这种情况下，宿节点不会产生告警。结合网络的拓扑和当前承载的业务信息，式（2-34）可以用式（2-37）来代替，即

$$P(e|d) = \frac{P(d|e)P(e)}{P(d)} \qquad (2\text{-}36)$$

$$CF(e,d) = \frac{P(e)(1-P(d))}{P(d)(1-P(e))} \qquad (2\text{-}37)$$

接下来是多个告警由同一个故障引起时的情况。如果多于一个受影响的业务是由同一个链路发生故障引起的，可以利用式（2-19）和式（2-20），根据收到的告警计算多个告警的组合证据来推断同一个链路就是疑似故障链路的联合可信度。以 v_{d1}

和 v_{d2} 告警，进而推断 e 就是疑似故障链路的联合可信度的计算过程为例。

$$CF_i(e) = CF(e,d_i) \cdot \max\{0, CF(d_i)\} \tag{2-38}$$

$$CF(e,d) = CF_1(e) + CF_2(e) - CF_1(e) \cdot CF_2(e) \tag{2-39}$$

根据可信度的推算方法，可以得到式（2-38）和式（2-39）。我们需要注意的是，本节的可信度模型中，认为所有的告警信息均是由当前网络发生故障引起，不考虑其他的影响因素，因而上述可信度模型中的告警证据都包含有故障的相关信息，不存在证据不存在的情况，因而修改上述不确定推理技术中可信度的值域 $CF(H, E)$ 为[0,1]以及去掉可信度表达式中的负数部分。

至此，多故障定位的可信度模型已经建立起来了。根据上述的描述，我们运用已建立的各种模型来处理一个案例。

此时网络中存在 3 个业务，光路分别是 $v_c{\to}v_f{\to}v_e$、$v_b{\to}v_c{\to}v_f{\to}v_g{\to}v_a$、$v_f{\to}v_g{\to}v_h{\to}v_d$，宿节点分别是 v_e、v_a、v_d，如图 2-16 所示。此时网络中节点 v_a 和 v_d 产生告警，节点 v_e 未产生告警，那么当网络中只有一个链路发生故障时，一定是链路 e_{fg} 发生故障，然而当网络中是多故障时，则会有很多种组合。例如，链路 e_{fg} 和链路 e_{hd}，仅考虑网络中是单故障和双故障情况，那么可能的疑似故障链路组合见表 2-4。其中，某链路状态对应是该链路是否为疑似故障链路，1 就代表该链路可能是疑似故障链路，0 则代表是正常链路。

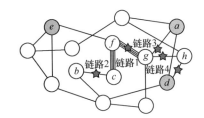

图 2-16　NSFNET 网络拓扑中多故障场景

表 2-4　单故障及双故障时疑似故障链路

故障数 \ 链路	bc	cf	fg	gh	hd	ga	ef
1	0	0	1	0	0	0	0
2	0	0	1	1	0	0	0
2	1	0	1	0	0	0	0
2	0	0	1	0	1	1	0
...				...			

当网络中出现 3 个及以上的故障时，疑似故障链路的组合将更加复杂，由此可见多故障定位的难度。

建立对应网络二部图时，首先确定网络中产生告警的节点，确定这些节点是哪些业务的宿节点，那么这些业务经过的链路都有可能是疑似的故障链路。在本例中，节点 v_a 和 v_d 产生告警，将 v_a 和 v_d 加入告警集合 ASS 中，并且业务 $v_b{\to}v_c{\to}v_f{\to}v_g{\to}v_a$ 和 $v_f{\to}v_g{\to}v_h{\to}v_d$ 所经过的链路都有可能是疑似故障链路，将这些疑似的故障链路加入疑似链路集合 E_{fs} 中，但是业务 $v_c{\to}v_f{\to}v_e$ 的宿节点 e 并没有产生告警，因此排除链

路 e_{cf}，从疑似链路集合中去除链路 e_{cf}，从而完成故障、告警二部图的生成，如图 2-17 所示。其中，二部图上部分表示告警集合 ASS，下半部分表示疑似链路集合 E_{fs}，两部分之间的连接表示疑似故障链路导致上述告警。通过为这个连接分配一个可信度因子，来评价这次推断的信任程度，本节第 4 章将详细叙述如何通过相应的算法来完成二部图的处理以及多故障定位，并对通过仿真比较来评价这些算法的性能。

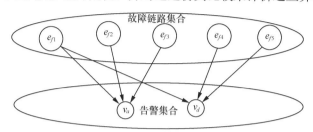

图 2-17　经过模型处理形成的故障告警二部图

2.3.2　基于可信度模型的故障定位算法

之所以选择贪婪策略是因为在可信度模型中，证据 E 的出现会增加结论为真的可信度，并且证据 E 的出现对 H 为真的信任度越大，$CF(H, E)$ 的值越大。因此，利用初始证据，经过推理计算得到最终结论的可信度 $CF(H, E)$。若 $CF(H, E)$ 值越大，则证明此次推导过程越接近真实的场景，那么该链路将最有可能是故障链路，因而本节提出的两种算法均采用贪婪策略进行故障链路的选择。表 2-5 针对以上两种算法中用到的变量进行了定义。

表 2-5　两种算法中变量定义

$G(V, E, S)$：网络模型，V 是节点集合，E 是无向链路集合，S 是业务集合。
S：业务集合 $\{s_i\}$，$s_i = \{id_i, l\}$，光路 l 和业务 id 唯一表示该业务。
id_i：第 i 个业务的业务 id。
l_i：第 i 个业务的光路。
v_{di}：第 i 个业务 s_i 的宿节点。
N_{sdi}：具有相同宿节点 d_i 的业务数。
N_{ei}：表示第 i 业务经过的链路个数 Ne。
ASS：告警集合。
E_{fs}：疑似故障链路集合。
E_{fy}：认定的故障链路集合。
$Weight$：MCMA 算法中的权重因子，由可信度和隶属度共同决定。
$weight'$：CCMA 算法中的权重因子，由联合可信度决定。
α，β：权重因子，决定 MCMA 中可信度与隶属度不同的比例时对 MCMA 算法的影响，$\beta = 1 - \alpha$。

BipSer$[s_i]$：业务矩阵，当业务受到告警影响时，其值为 1，即若 $s_i \in ASS$，***BipSer***$[s_i]=1$。

BipLink$[e_i]$：链路矩阵，当链路是疑似告警链路时，其值为 1，即若 $e_i \in SF$，***BipLink***$[e_i]=1$。

BipMat$[s_i][e_i]$：表征链路业务关系的矩阵，当链路 e_i 故障，导致业务 s_i 中断，则有 ***BipMat***$[s_i][e_i]=1$。

CF(e_i,n_i)：由 e_i 链路故障触发 n_i 告警的可信度。

P_{pro_ni}：节点 v_{n_i} 先验概率集合。

C_{Pro}：计算各个节点告警的概率。

C_{Weight}：计算权重。

C_{Cre}：计算每个业务链路对 (s_i,e_i) 的可信度。

2.3.2.1 隶属度—可信度故障定位算法

隶属度—可信度故障定位算法（Membership based Credibility Model Algorithm，MCMA）的提出是结合不确定性推理技术中两种重要的处理手段：概率论以及模糊数学。在可信度模型的基础上，提出隶属度的概念，利用可信度与隶属度的双重约束计算 MCMA 的权重因子，采用贪婪策略来选择具有最大权重因子的链路，则该链路就是最终的疑似故障链路，并将该链路加入疑似故障链路集合 E_{fs} 中，并提出故障定位成功率（Location Accuracy）这个性能指标，来衡量最终算法的定位准确性，该指标的定义是成功定位的故障链路数与所有定位故障链路数的比值，其值越高，代表该算法的定位越精确。

该算法流程的伪代码见表 2-6。

表 2-6　MCMA 算法伪代码

输入：图 G，业务集合 S
输出：重构故障链路集合 E_{fs}

1:　**for** 每个 s_i，$s_i \in S$
2:　　　**if** s_i 受影响
3:　　　　$ASS=ASS \bigcup s_i$，$E_{fs}=E_{fs} \bigcup e_i$
4:　　　　　**if** $e_i \in s_m$，其中 s_m 正常
5:　　　　　　$E_{fs}=E_{fs}/e_i$
6:　　　　　**else**
7:　　　　　　***BipMat***$[s_i][e_i]=1$
8:　　　　　**end if**
9:　　　**end if**
10:　　遍历 l_i 以计算 N_{ei} 和 N_{sd} 的值
11:　　**for** 每个 v_{di}，其中 v_{di} 是 s_i 的终端，$s_i \in ASS$

（续表）

12:	**if** *BipMat*$[s_i][e_i] = 1$
13:	计算 d_i 的告警概率以及 $CF(e_i, d_i)$ 值
14:	$weight = \alpha \times CF(e_i, n_i) + \beta \times e_i \_\text{alarnum}$
15:	利用 *weight* 更新 ***BipMat***
16:	**end if**
17:	**end for**
18:	**end for**
19:	**for** 对于 ***BipMat*** 中的每一列
20:	选择具有最大 *weight* 的 $e_{\max}$
21:	$E_{fs} = E_{fs} \bigcup e_{\max}$
22:	**end for**

在 MCMA 中，输入的是网络已建立的网络模型以及当前的业务信息，输出的是最终的故障链路集合。

① 首先根据收集到的告警信息，结合网络拓扑，查询产生告警的业务信息，记录该业务的宿节点以及路由信息，查询具有相同宿节点 v_{di} 的业务数 N_{sdi}，该业务路由经过的链路均有可能是故障链路，记录该业务经过的链路数 N_e，将这些链路加入 E_{fs} 中，更新故障链路矩阵 ***BipLink***$[e_i] = 1$，产生告警的节点加入 ASS，通过路由信息获取业务的相应节点，并更新业务矩阵 ***BipSer***$[s_i] = 1$，形成初步的告警与故障二部图，并更新二部图矩阵 ***BipMat***$[s_i][e_i] = 1$，二部图上半部分告警集合 ASS，下半部分是疑似故障链路集合 E_{fs}。

② 然后遍历 E_{fs} 中的链路，查询是否有经过这些链路，但是宿节点并未产生告警的业务，如果有，则证明 E_{fs} 中有正常的链路，从 E_{fs} 中移除这些链路，并完成二部图矩阵 ***BipMat***$[s_i][e_i]$ 的再次更新。

③ 经过上述处理得到最终的故障告警二部图，并将故障与告警的关系转化成二部图矩阵，其值为 1 代表该链路故障会导致业务中断。遍历二部图矩阵，查询二部图矩阵中值为 1 的业务，查询其 N_{sdi}，结合网络拓扑，通过 C_{Pro}，计算该业务宿节点告警的概率，计算式如式（2-37）所示。

④ 然后利用 C_{Cre}，根据式（2-39），计算每个业务链路对 (s_i, e_i) 的可信度，即计算出该业务宿节点产生告警，推断出某个链路是故障链路的可信度，存储这个业务链路对 (s_i, e_i) 的可信度。

⑤ 然后计算权重因子。利用上一步得出的可信度，通过 C_{Weight} 计算权重，此时 C_{Weight} 表达式是 $weight = \alpha CF(e_i, n_i) + \beta N_{e_i}$，$N_{ei}$ 是 e_i 链路故障引起中断的业务数，$\alpha = 1 - \beta$。

利用第⑤步得到的权重值，去更新二部图矩阵中相应位置的值，并利用贪婪策略选取权重最大的列，此时得到的就是最终的故障链路。

需要注意的是，在第⑤步权重计算式中引入了权重因子 α、β，这两个因子是用来平衡可信度与告警数目对最终故障链路的选择。当某个链路确实发生故障时，那么它的可信度是最大的，并且由它触发的告警数目会以较大的概率偏大，因而，引入模糊隶属度的定义，分配的隶属度大小取决于该链路引起的告警数目大小，综合隶属度与可信度计算得到的权重因子具有一定的合理性，通过该权重因子选择得到的故障链路符合不确定推理过程。

2.3.2.2 联合可信度模型算法

联合可信度模型算法（Combination Credibility Model Algorithm，CCMA）的提出主要是利用可信度推理技术中组合证据的合取算法，由于多个证据可能同时推出同一个结论，并且具有不同的可信度。同一个链路故障，由于拓扑的连通性以及故障传播模型会导致许多业务中断，这些业务的宿节点都会针对该链路的故障信息进行告警，因而利用证据的合取性质进行同一个链路故障与否的推导具有合理性。最终，同样利用贪婪策略来选择最大权重因子的链路，则该链路就是最终的疑似故障链路，并将该链路加入疑似故障链路集合 RF 中，利用故障定位成功率这个性能指标，来衡量最终算法的定位准确性。该指标的定义同 MCMA 相同，都是成功定位的故障链路数与所有定位故障链路数的比值，其值越高，代表该算法定位的性能越好，与 MCMA 不同的是，CCMA 中的权重因子只由联合可信度决定。

在 CCMA 中，输入的也是网络已建立的网络模型以及当前的业务信息，输出的是最终的故障链路集合。算法流程的伪代码见表 2-7。

表 2-7　CCMA 算法伪代码

输入：图 G，业务集合 S
输出：重构故障链路集合 E_{fs}

1: **for** 每个 $s_i, s_i \in S$
2:   **if** s_i 受到影响
3:     $ASS=ASS \bigcup s_i$，$E_{fs}=E_{fs} \bigcup e_i$
4:     **if** $e_i \in s_m$，其中 s_m 是正常的
5:       $E_{fs}=E_{fs}/e_i$
6:     **else**
7:       $BipMat[s_i][e_i]=1$
8:     **end if**
9:   **end if**
10:   搜寻 l_i 来计算 N_{ei} 和 N_{sd} 的值
11:   **for** 每个 v_{ni}，其中 v_{di} 是 s_i 的终端，且 $s_i \in ASS$
12:     **if** $BipMat[s_i][e_i]=1$

13:	计算 v_{di} 的故障概率以及 $CF(e_i, d_i)$ 的值
14:	$weight = \text{joint } CF(e, d)$
15:	利用权值更新 **BipMat**
16:	**end if**
17:	**end for**
18:	**end for**
19:	**for** **BipMat** 中的每一行
20:	选择具有最大权值的链路 e_{max}
21:	$E_{fs} = E_{fs} \bigcup e_{max}$
22:	**end for**

① 首先根据收集到的告警信息，结合网络拓扑，查询产生告警的业务信息，记录该业务的宿节点以及路由信息，查询具有相同宿节点 v_{di} 点 d_i 的业务数 N_{sdi}，因为该业务路由经过的链路均有可能是故障链路，记录该业务经过的链路数 N_e，将这些链路加入 E_{fs} 中，更新故障链路矩阵 **BipLink**$[e_i] = 1$，并将产生告警的节点加入 **ASS**，通过路由信息，获取业务的相应节点，并更新业务矩阵 **BipSer**$[s_i] = 1$，形成初步的告警与故障二部图，同时，更新二部图矩阵 **BipMat**$[s_i][e_i] = 1$，二部图上半部分告警集合 **ASS**，下半部分是疑似故障链路集合 E_{fs}。

② 然后遍历 E_{fs} 中的链路，查询是否有经过这些链路，但是宿节点并未产生告警的业务，如果有的话，则证明 E_{fs} 中的链路有正常的链路，从 E_{fs} 中移除这些链路，并完成二部图矩阵 **BipMat**$[s_i][e_i]$ 的再次更新。

③ 经过上述处理得到最终的故障告警二部图，并将故障与告警的关系转化成二部图矩阵，其值为 1 代表该链路故障会导致业务中断。遍历二部图矩阵，查询二部图矩阵中值为 1 的业务，查询其 N_{sdi}，结合网络拓扑，通过 C_{Pro}，计算该业务宿节点告警的概率，计算式如式（2-35）所示。

④ 然后利用 C_{Cre} 根据式（2-37），计算每个业务链路对 (s_i, e_i) 的可信度，即计算出该业务宿节点产生告警，推断出某个链路是故障链路的可信度，存储这个业务链路对 (s_i, e_i) 的可信度，遍历告警故障二部图矩阵，查询 **BipMat**$[s_i][e_i] = 1$，得到其他受影响的业务，通过证据合取运算如式（2-38）和式（2-39），得到联合可信度。

⑤ 然后计算权重因子，利用上一步得出的可信度，通过 C_{Weight} 计算权重，此时 C_{Weight} 就是上一步中计算出的联合可信度。

利用第⑤步得到的权重值，去更新二部图矩阵中相应位置的值，并利用贪婪策略选取权重最大的列，此时得到的就是最终的故障链路。

需要注意的是，CCMA 算法中可信度因子就是利用证据的合取来进行联合可信度的计算，因为当链路发生故障时，不止一个业务会中断，这些业务的宿节点均会产生告警信息，那么组合这些告警信息，并通过合取计算得到的联合可信度更符合实际情况，所以多个证据合取计算得到的权重因子具有一定的合理性，联合可信度越大，则证明这些证据具有一致性，该链路极大可能是故障。

2.3.2.3 全光网故障定位仿真结果分析

（1）两种故障定位算法对比分析

MCMA 和 CCMA 算法的第一步都是建立告警与故障的二部图，计算告警集合 ASS 每个节点告警概率，利用上述的表达式完成后续可信度的计算。这两个算法的唯一区别是权重因子的计算。在 CCMA 中，权重因子仅由联合可信度因子决定，由于网络中拓扑的连通性，一个故障链路就会触发至少一个业务的宿节点告警，因而根据证据的合取性，就能比较合理地计算出权重因子。我们需要注意的是，在 MCMA 中引入了权重因子 α 和 β，引入这两个是用来平衡可信度与告警数目对最终故障链路的选择。当一个链路具有较大的可信度以及由它触发的告警数目较多时，它就有相当大的概率是最终的故障链路。因此，MCMA 中引入了权重因子来平衡告警数目（告警隶属度）以及可信度对最终故障链路选择的影响。当权重因子不同时，算法的定位性能也不尽相同，通过算法仿真，来进一步验证两种算法的定位性能。

（2）仿真结果

经过仿真，在故障数每次随机地从 1~3 中选取的情况下，NSFNet 和 SmallNet 的仿真结果如图 2-18 所示，在单故障以及多故障场景下，利用 NSFNet 拓扑的仿真结果如图 2-19 所示。

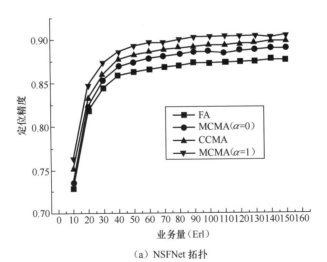

（a）NSFNet 拓扑

图 2-18 随机故障数下故障成功定位率

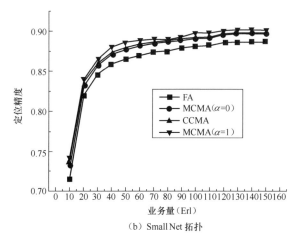

（b）Small Net 拓扑

图 2-18　随机故障数下故障成功定位率（续）

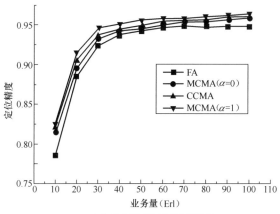

（a）单故障下故障成功定位率

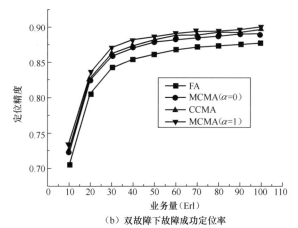

（b）双故障下故障成功定位率

图 2-19　NSFNet 拓扑故障成功定位率

图 2-18 （a）和图 2-18 （b）分别是 NSFNet 和 SmallNet 拓扑下，故障数目 1～3 随机选取时进行仿真验证，可以看到，随着业务量的增加，故障定位成功率均呈现增加的趋势，提出的两种算法性能均优于对比算法，并且可信度权重因子 α =1 时，性能最优。这说明了提出的这两种算法能够很好地适应故障数目的随机变化，能够有效利用故障信息，结合可信度推理技术，进行告警与故障的不确定分析，从而有效地进行故障定位。通过对比分析还可以看到，这两种算法在稀疏度差别较大的两个网络中故障定位性能都比较优越，因此，这两个算法具有良好的扩展性，可以适应不同的网络拓扑。与此同时，对比算法的性能受到故障数目的制约，当故障数目或是业务信息较少时，产生的告警消息必然也相应减少。此时，告警隶属度不能深入地挖掘故障与告警的不确定性关系，因而其故障定位成功率稍差；当可信度权重因子 α =1，α =0 时，MCMA 的算法性能也有差异，这是因为 α =1 相当于只考虑单个故障与告警连接的关系，而没有综合考虑触发告警数目隶属度的因素，根据证据的推导，最有可能的故障链路一定会拥有最大的可信度因子，与此同时，却不一定能够触发最多的告警数目，告警数目的多少取决于当前的网络拓扑以及业务配置情况，只能说具有最大可信度的故障链路有较大可能触发最多的告警数目，因此，引入触发告警数目充当疑似故障链路的证据进行推导，本身就存在模糊性，二者之间不存在必然联系，因此会导致当引入触发告警数目时，其定位性能与不引入触发告警数目的情况的差别。同理，CCMA 引入的联合可信度，也可能引入干扰性的告警，导致最终疑似故障链路的推导出现问题，影响了成功定位的故障链路个数以及故障定位成功率。

由图 2-19 可以看出，在 NSFNet 中，随着业务量的增加，本节提出的基于可信度模型的两种算法故障定位成功率也均高于 FA 算法，并且当 MCMA 中可信度的权重因子 α =0 时，CCMA 优于 MCMA。CCMA 的性能是介于 MCMA 中可信度的权重因子 α =0 与 MCMA 中可信度的权重因子 α =1 之间，MCMA 中可信度的权重因子 α =1 时具有最优的定位性能。这是因为可信度的计算方法已经包含了模糊处理，并且 CCMA 综合考虑了同一个链路故障引起的多个告警的证据组合问题。通过对比还可以发现，随着故障数目的增加，这 3 种算法的故障定位成功率均有所降低，这是因为随着故障数目的增加，多故障定位中的故障与告警的不确定性关系越来越明显，多故障定位也越来越困难。同时，随着业务数量的增加，3 种算法的故障定位成功率均有所增加，这是因为业务的信息增加提供了更多关于故障与告警关系的信息，这 3 种算法可以根据这些信息进行故障定位的算法处理。同时，当可信度的权重因子 α =1 时，仅考虑故障与告警之间的单连接，不引入其他的模糊证据，因而推导出的疑似故障链路更为精确；

当可信度的权重因子 $\alpha =0$ 时，只考虑故障触发的告警数目，没有结合业务信息，没有深入分析故障与告警之间的不确定性关系，CCMA 的联合可信度有可能引入干扰告警，影响最终故障定位成功率的计算。因而，如何合理选取可信度因子来平衡可信度以及触发的告警数目，如何结合业务信息过滤干扰信息，有待于进一步研究。

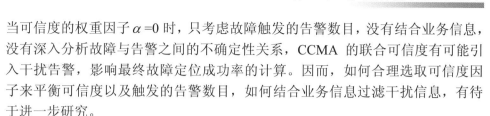 2.4　基于主动监测器的故障定位技术

通过 2.1.3.1 节、2.2 节、2.3 节可以看出，被动算法利用已有的业务信息，不需要消耗额外的监测资源。但其只能将故障定位在一个疑似集合中，不能精确定位，因此定位精度较低。例如，在利用模糊隶属度进行重路由选择时，只能判断路由的故障隶属度，无法确定该路由是否发生故障，其结果影响对故障链路的保护操作，延长保护时间。而从 2.1.3.2 节的主动定位方案可以看出，主动算法能够精确地对单故障进行定位，但其需要额外的监测资源，并且考虑到开启监测器的成本，因此，不能对多故障进行定位，使用时受限较大。

本节针对以上两种方案的缺点，结合主动监测器可以随时打开的特性，提出一种融合主动算法与被动算法的故障定位技术。

2.4.1　故障定融合算法与架构

2.4.1.1　主动定位算法

针对传统算法所出现的问题，提出一种融合主动和被动算法的故障定位算法，其原理如图 2-20 所示。

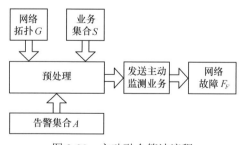

图 2-20　主动融合算法流程

首先对告警信息进行预处理，得到图 2-21（b）所示的二部图，确定疑似故障链路的范围；根据预处理的信息，确定需要发送检测业务的路由，并发送检测

业务，如图 2-21（c）所示；根据检测业务产生的告警信息，精确定位故障链路的位置 1。图 2-21（a）指的是故障定位的一个简单场景。例如，链路 e_{12} 和链路 e_{23} 故障，导致业务 s_{w1} 和 s_{w2} 中断，生成图 2-21（b）所示二部图，通过证明，可能的故障路径集合是 $\{e_{12}, e_{23}\}$ 和 $\{e_{23}\}$，然后再在链路 e_{12} 和链路 e_{23} 中发送检测业务，确定最终故障链路的组合。

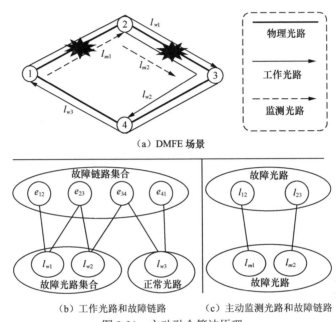

（a）DMFE 场景

（b）工作光路和故障链路　　　（c）主动监测光路和故障链路

图 2-21　主动融合算法原理

　　主动融合算法仅在局部发送检测业务，业务仅为 1 跳，占用资源较少，检测时间较短。其算法代码见表 2-8。

表 2-8　融合主动算法

输入：图 G，疑似链路故障集合 E_{fs}，故障告警集合 A

输出：最终故障链路集合 E_{ff}

1：$E_{ff} \leftarrow \Phi$

2：**for** $e \in E_{fs}$ **do**

3：　　在 e 上发送检测信息 m

4：　　**if** m 故障

5：　　　　$E_{ff} = E_{ff} \bigcup e$

6：　　**end if**

7：**end for**

2.4.1.2　主动定位架构

在本节中，采用软件定义全光网（Software Definition All Optical Network，SD-AON）为例，针对主动定位，对提出方法的控制架构和工作流程进行描述。

选择 SD-AON 的原因有以下 3 个方面。

① 软件定义网络（SDN）架构的集中控制方式有利于网络故障链路分析。

② SDN 可以实现底层器件的可编程，可以对监测器进行编程控制，动态调配。

③ 全光网中，缺乏电层的交换设备，形成了网络的透明性，无法直接进行定位。

SD-AON 定位架构由 3 个部分构成：控制器（Controller）、光监测节点（Monitoring OXCs，M-OXCs）和扩展协议。其中，控制器中存储网络信息，并具有算路和故障定位功能；光监测节点在传统的光节点上增加故障监测器，与代理相连；而协议机制是在 OpenFlow 协议中做部分扩展。其具体架构如图 2-22 所示。下面详细叙述每个部分的功能。

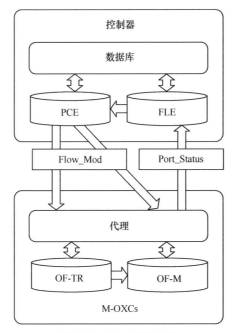

图 2-22　SD-AON 架构

1. 控制器

（1）数据库

数据库（Database）记录网络资源利用状态和网络路径状态，为 PCE 和 FLE

模块提供算路依据。

（2）路径计算单元

路径计算单元（Path Computation Element，PCE）接收业务建立请求，查询数据库算路，并发送消息给代理（Agent）。

（3）故障定位单元

故障定位单元（Failure Localization Element，FLE）接收 M-OXCs 上报的故障光路消息，查询数据库，计算故障位置，并将检测业务请求发送给 PCE。

2. 光监测节点

（1）代理

代理接收 PCE 建拆路指令，并控制 OF-TR 和 OF-M，接收故障告警并上报。

（2）OpenFlow 收发器

OpenFlow 收发器（OF-TR）接收代理指令，收发光信号，并在接收端与 OpenFlow 监测器（OF-M）相连。

（3）OpenFlow 监测器

OpenFlow 监测器如果接收端没有接收到光信号，则产生告警信息，发送给代理模块。

3. 扩展协议

（1）Flow_Mod

在原有协议的基础上，添加建拆路时 OF-M 开闭的模块。

（2）Port_Status

在原有电端口的基础上，添加光端口信号检测功能，包含光路的编号和状态。

整个 SD-AON 的定位流程如图 2-23 所示。

① OF-M 检测到工作路径故障，将故障的光路径信息上报给代理。

② 代理在接收到 OF-M 的消息后，将其形成告警信息，并打包在 Port_Status 协议中，上报给 FLE。

③ FLE 在接收到代理的告警信息后，查询数据库中的网络拓扑信息和建路信息，计算出疑似故障链路集合。

④ FLE 根据疑似故障链路集合的信息建立检测路径请求，并发送给 PCE，而 PCE 通过 Flow_Mod 信息发送检测业务指令给代理。

⑤ 代理设置 OF-TR 和 OF-M 来建立光路。

⑥ OF-M 把收集到的检测业务上报给代理。

⑦ 代理在接收到 OF-M 的消息后，将其形成告警信息，并打包在 Port_Status 协议中，上报给 FLE。

⑧ FLE 根据上报的检测业务状态，最终精确定位故障位置。

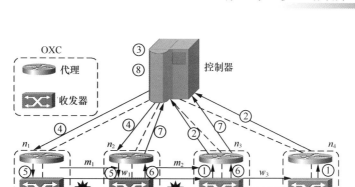

图 2-23　SD-AON 定位流程

2.4.2　融合算法评价指标

2.4.2.1　定位精度

主动算法可以对单故障进行100%的定位，而评价被动算法的定位精度一般用正确率 P_r 和覆盖率 P_c 两个指标来评价，即

$$P_r = N_r / N_m \qquad (2\text{-}40)$$

$$P_c = N_r / N_a \qquad (2\text{-}41)$$

其中，N_r 表示检测出来且正确的故障链路数目，N_m 表示检测出来所有故障链路的数目，N_a 表示实际情况中所有故障的链路数目。显然这两个指标不能代表所有的故障集合，因此，本节提出使用综合的指标 P 来表示故障定位的精度。

$$P = N_r / N_t = N_r /(N_a \bigcup N_m) = N_r /(N_a + N_m - N_r) \qquad (2\text{-}42)$$

其中，N_t 表示检测出来的故障和实际故障共同的集合。N_r、N_m、N_a、N_t 之间的关系如图 2-24 所示。

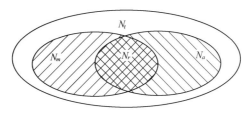

图 2-24　定位精度概念

2.4.2.2 定位时长

定位的时长影响 QoS，在以往的分析中，被动算法的时长是预处理时间和告警处理时间之和，主动算法没有定位的时长。主动算法仅分析形成检测路由的时长，而在实际定位过程中，这个时间不是主要限制因素，而检测到故障至故障定位完成之间的时长才是需要考虑的重要约束条件。在主动算法中，这个时间可以转化光路建立的时间和光路传输的时延。而在主动融合算法中，定位时长是预处理时间、光路建立时间和光路传输时延之和。主动算法、被动算法和融合算法的定位时长 t_a、t_n、t_f 分别为

$$t_a = t_l + t_t \qquad (2\text{-}43)$$

$$t_n = t_p + t_c \qquad (2\text{-}44)$$

$$t_f = t_p + t_l + t_t \qquad (2\text{-}45)$$

其中，t_l 表示光路建立和拆除的时长，t_t 表示检测业务的光路传输时延，t_p 表示数据预处理时长，t_c 表示数据计算时长。

2.4.3 仿真结果分析

2.4.3.1 仿真条件

图 2-25 是一个典型光传输网络拓扑，共 39 个节点，55 条边，仿真环境网络设置为有 80 个波长信道的 WDM 网络。业务带宽随机为 5～10 个波长，信道分配时服从波长一致性原则。业务的间隔时间 λ 服从泊松分布，业务的服务时间 μ 服从负指数分布，业务量 $E=\mu/\lambda$，范围为 20～120 Erl。故障的类型设置为随机并发三链路故障，故障的间隔时间 λ_f 服从泊松分布，故障的持续时间 μ_f 服从负指数分布。由于故障到达时，业务已经中断，因此，在本节模型计算时，故障持续时间可以忽略不计，以简化计算。

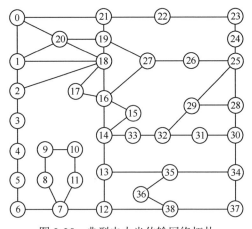

图 2-25 典型电力光传输网络拓扑

2.4.3.2　定位精度

图 2-26 中 AA 表示所提的主动定位算法，GA 表示贪婪定位算法，FA 表示模糊定位算法，后面的 1～9 表示模糊定位算法的阈值分别从 0.1～0.9。从图 2-26 曲线中可以看出，主动定位的算法精度一般在 80%以上，高于贪婪定位算法，而贪婪定位算法高于模糊定位算法。

随着业务量的增大，定位精度依次增大。业务量的增大，网络中故障影响到的业务增多，产生的告警信息量也依次增大。可以更好地根据网络中业务的信息，进行故障的定位。

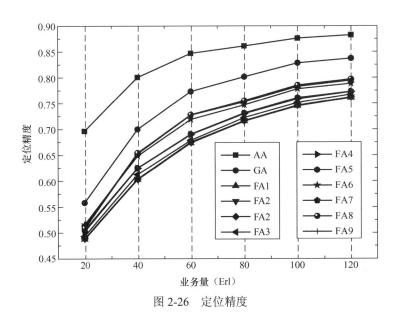

图 2-26　定位精度

2.4.3.3　定位时长

图 2-27 是定位时长的仿真结果。其中，PRE 是预处理的时间，从图中可以看出其占用的时间最长，约为 5～6 ms。并且随着业务量的增长，预处理的时长越来越大，因为故障链路影响的业务越来越多，进行预处理的时间也就越来越长。被动算法 GA、FA8 所占用的时间和 AA 进行二部图处理的时间相差不大，均为 0.12 ms 左右。Hop 指的是检测业务每一跳（含建拆路）所使用的时长，仿真设置为 2 ms。

因此，根据图 2-27 可以得到如下结论，3 种算法所得到的故障定位时间 $T_d = T_{pre} + T_c + T_{Hop} \leqslant 9$ ms 均可满足业务保护的相关需求。

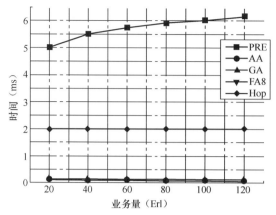

图 2-27　定位时长

2.5　本章小结

　　本章首先介绍多链路故障定位的需求，有效的故障定位能够提高网络生存性。针对集中式、分布式以及层次故障定位方案的背景，逐一阐述其优缺点。本章主要针对集中式故障定位机制进行研究，根据监测器能否发送主动监测业务，将定位方案分为被动定位方案和主动定位方法。在理论分析的基础上，提出基于模糊隶属度和可信度模型的被动监测方案以及基于主动监测器的融合故障定位方案。

　　基于模糊隶属度的定位方案，将模糊数学中的模糊隶属度概念引入故障中，计算出每条链路和每条路径故障的模糊隶属度。根据路径的隶属度，设置网络故障的阈值，提出路径恢复方案。基于可信度模型的定位方案，是在不确定性推理技术中可信度模型的基础上，计算每条链路的可信度模型，形成隶属度—可信度故障定位算法（MCMA）和联合可信度模型算法（CCMA）。最终确定故障位置。而基于主动监测器的融合方案，是利用被动算法处理网络，得到一个疑似故障链路的集合，然后在集合中每一条链路都发送检测业务，最终确定故障链路的位置。

　　仿真实验证明，本章所提出各种算法在不同的指标下均可以有效地进行故障定位，从而定位多链路故障。

参考文献

[1]　李新. 未来传送网的生存性技术[D]. 北京: 北京邮电大学, 2013.

[2] 杜晓鸣. 全光网中基于可信度模型的故障定位技术研究[D]. 北京: 北京邮电大学, 2014.

[3] STANIC S, SUBRAMANIAM S S, SAHIN G, et al. Active monitoring and alarm management for fault localization in transparent all-optical networks[J]. IEEE transactions on network and service management, 2010, 7(2): 118-131.

[4] 马辰, 丁慧霞, 赵永利, 等. 电力光传输网中基于主动监测业务的多链路故障定位算法[J]. 电网技术, 2013, 11(37): 3221-3226.

[5] WU B, YEUNG K L, HO P H. Monitoring cycle design for fast link failure localization in all-optical networks[J]. Journal of lightwave technology, 2009, 27(10):1392-1401.

[6] WU B, HO P H, YEUNG K L. Monitoring trail: on fast link failure localization in all-optical WDM mesh networks[J]. Journal of lightwave technology, 2009, 27(18):4175-4185.

[7] MOHAMMED L A, HO P H, TAPOLOCAI J, et al. M-burst: a framework of SRLG failure localization in all-optical networks[J]. Journal of optical communications and networking, 2012, 4(8): 628-638.

[8] ZENG H, HUANG C, VUKOVIC A, et al. Achieving fast fault detection and localization in all-optical networks[C]//National Fiber Optic Engineers Conference, Optical Society of America, 2005: NThN3.

[9] ZENG H, HUANG C. Fault detection and path performance monitoring in meshed all-optical networks[C]//IEEE Global Telecommunications Conference, GLOBECOM'04, 2004, 3: 2014- 2018.

[10] FARREL A, VASSEUR J, ASH J. A path computation element (PCE)-based architecture[R]. RFC 4655, 2006.

[11] OKI E, TAKEDA T, FARREL A. Extensions to the path computation element communication protocol (PCEP) for route exclusions[S]. RFC 5521, 2009.

[12] NISHIOKA I, ISHIDA S, IIZAWA Y, et al. End-to-end path routing with PCEs in multi-domain GMPLS networks[J]. IPOP2008, 2008, 6: 5-6.

[13] LUO J R, HUANG S G, ZHANG J, et al. A novel multi-fault localization mechanism in PCE-based multi-domain large capacity optical transport networks[C]//OFC, Los Angeles, CA, USA, 2012.

[14] DORIGO M, STUTZLE T. 蚁群优化[M]. 张军等译. 北京: 清华大学出版社, 2007.

[15] 张杰, 黄善国, 李新, 等. 光网络多故障容错方法[P]. 中国专利: 201110282154, 2012-1-18.

第**3**章

光层 P–Cycle 保护技术

故障保护是提高光网络生存性的关键步骤，传统的网络保护方式有"1+1""1:1"保护等，与其相比，基于 P-Cycle 的保护方法具有冗余度低、保护适应性强等优点。本章主要介绍了 P-Cycle 的基本概念，并概述了针对不同场景下 P-Cycle 的应用方法及其效率评价指标。

🔍 3.1　P–Cycle 概述

3.1.1　P-Cycle 的概念

P-Cycle（Preconfigured Cycle，预置圈）是加拿大阿尔伯塔大学的 Grover 教授领导的生存性研究小组于 1998 年提出的一种新型生存性方案。对于格网中的单链路故障——P-Cycle 的初始研究对象，P-Cycle 既有环的倒换速度，又有类似格网的容量效率。P-Cycle 的出现为在格状网络中实现快速的故障保护提供了有效的手段，它是基于环结构的一种网络保护方案，利用空闲资源预先设置的环形通道来实现格状网络中的快速保护[1-3]，它区别于其他如增强环法、单向环双重覆盖法等基于环的保护方案的最大特点就是，在允许工作通道任意选择路由的条件下，可同时对圈上（On-Cycle）和跨接链路（Straddling Span，或称为弦链路）上的链路故障提供保护[4]，如图 3-1 所示。图 3-1（a）给出了一个 P-Cycle 的例子。在图 3-1（b）中，圈上链路中断，圈的剩余部分用于恢复，这种恢复类似于双向复用段保护环（BLSR）。而在图 3-1（c）中，同一个 P-Cycle 可以完成不在圈上的工作容量恢复。在图 3-1（c）中，最具优势的是对于一个故障可以得到两条恢复路径（而对于普通的环，最多只能为每个保护容量单位提供一条恢复路径，且只能保护一个圈上链路故障）。这样，由于被保护的工作容量的范围扩大了，则利用少量的空闲资源即可实现格状网络的快速保护[5,6]。

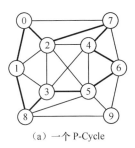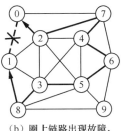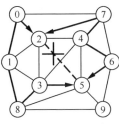

（a）一个 P-Cycle   （b）圈上链路出现故障，   （c）跨接链路出现故障，
                       P-Cycle 提供保护路径   P-Cycle 提供两条保护路径

图 3-1　P-Cycle 在链路保护中的应用示意

3.1.2　P-Cycle 的分类

在 P-Cycle 中，对应于网络中的链路故障和节点故障，存在两种类型的 P-Cycle：链路 P-Cycle 和节点 P-Cycle。链路 P-Cycle 用来保护一条链路中的工作信道，它可同时实现对圈上链路和跨接链路的保护。圈上链路是指链路本身是圈的一部分链路；而跨接链路是指两个端点在圈上，但是其本身并不是圈的一部分链路，它实际上相当于圈的一根弦。而节点 P-Cycle 环绕被保护节点的所有邻居节点，当被保护的节点发生故障时，可通过将业务倒换到节点 P-Cycle 上来实现对经过故障节点所有连接的保护，如图 3-2 所示。

图 3-2（a）中粗线所示为一个 5 节点网络中设置的 P-Cycle，当 P-Cycle 上的链路 AD 发生故障时，链路两端节点可把业务倒换到 P-Cycle 的剩余部分（A-B-C-D）进行保护，如图 3-2（b）所示。这种方式类似于同步数字体系（Synchronous Digital Hierarchy，SDH）网络中双向复用段保护环（Bidirectional Line Switched Ring，BLSR）的保护方式。

（a）链路P-Cycle   （b）对圈上链路   （c）对跨接链路   （d）对经过故障节点
                   的保护   的保护   的连接进行保护

图 3-2　P-Cycle 在链路保护中的分类示意

图 3-2（c）和图 3-2（d）分别表示当跨接链路 AC 发生故障时，P-Cycle 可通过环绕 P-Cycle 的两条可选路径 ADC 和 ABC 保护在跨接链路上的两条工作路径。能实现对跨接链路的保护是 P-Cycle 区别于其他基于环的方案，并能提高网络资

源利用率的本质特点。由此可见，假设 P-Cycle 中的链路容量为 1，则它能同时保护圈上 1 倍容量的业务和跨接链路上 2 倍容量的业务。而传统 SDH 环只能保护环上相同容量的业务。这样，P-Cycle 中保护容量与工作容量之比与 SDH 自愈环网中的 100%相比要少得多，即资源利用率较高，我们在这里讨论的都是双向 P-Cycle 的情况。

图 3-2（d）中显示了对节点 E 进行保护的一个节点 P-Cycle，当节点 E 发生故障时，存在沿着 P-Cycle 的两条路径可对经过 E 节点的业务连接进行保护。

在用 P-Cycle 进行网络保护时，用空闲资源设置了环状的预先连接的封闭通道，而同时允许工作通道在网络资源图上选择最短的直达路由。P-Cycle 的设置发生在任何网络故障之前，并且所要求的实时倒换动作完全是预先设计好的，不需要像环的线路倒换那样复杂。尽管在倒换功能、在网络拓扑上使用圈这两点上和环相似，P-Cycle 与至今为止任何有恢复能力的基于环的系统并不相同，因为它对于在圈上链路和跨接链路的故障都能提供保护。跨接链路和工作通道的直接路由是通过环状保护结构获得像格网网络效率的关键。

3.1.3 P-Cycle 的特性

1. 高容量效率特性

P-Cycle 具有高网络容量效率的特点，图 3-3（a）利用一个有 11 个节点和 24 个区段（Span）的典型传送网络对其进行强调。图 3-3（b）中以一个 10 跳的圈作为例子。如果这个圈用来作为 BLSR 环，那么环上单位容量的保护资源可以保护相同量的工作资源，如图 3-3（c）所示，这叫做圈上的故障区段。但是我们如果用图 3-3（b）中相同单位容量的圈作为 P-Cycle 的话，这就意味着我们能够保护像（a-c）这样的被叫做跨接在 P-Cycle 上的区段。一个跨接链路的两个端点都在 P-Cycle 上，但它本身却不是圈的一部分。在例子中，P-Cycle 有 9 条这样的跨接链路，如图 3-3（d）所示。跨接链路可以有两倍的圈上区段容量，因为当它们都发生故障时，圈本身保持完整，并且能提供两条单位容量的保护通道。像区段（b-e）这样的跨接链路并不仅限于在图中 P-Cycle 的内部。

图 3-3（a）显示这个网络 G 中的一个 P-Cycle 结构，图 3-3（b）在网络 G 上使用单位空闲容量 10 跳的环 X，X 上能够对 10 个区段进行环保护，图 3-3（c）说明如果 X 是一个 P-Cycle，那么另外的 9 个区段能获得两个单位工作容量的保护。图 3-3（d）显示了其对于网络冗余度的影响。整个圈上链路和跨接链路的工作容量共计 $10+9\times2=28$，所以冗余度为 $Redundancy=10/28=35.7\%$。其中，P-Cycle 有 35.7%的冗余度（如果所有的跨接链路都有两个单位工作容量的话），而相应的环需要 100%的冗余量。由 10 跳组成的单个 P-Cycle 提供了对于 19 个区段的保护，并且由于它保护了两倍容量的跨接链路，因此它实际上保护了 28 个容量的工作资源，而环网只

能保护 10 个容量。圈上的一个区段断开，圈中剩余的弧就用来作为保护。这个功能就像在单位容量的 BLSR 上一样，与单位容量的 BLSR 环相类似[7]。

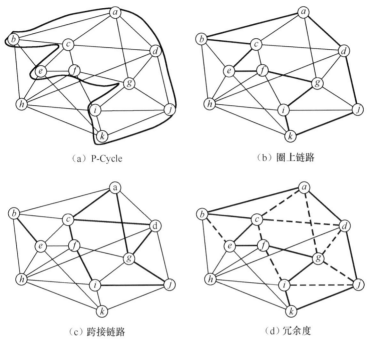

（a）P-Cycle　　　　　　　　　　（b）圈上链路

（c）跨接链路　　　　　　　　　　（d）冗余度

图 3-3　P-Cycle 高容量效率特性示意

2. P-Cycle 相对于环的特性比较

P-Cycle 形成在单独的空闲信道中，而环则把空闲容量和工作容量组成的一个整体容量模块交给同一个圈。每个 P-Cycle 可以提供多至两个恢复路径，而环不行。环在受保护的工作业务和在同一环中的保护容量之间具有结构性的关联，而 P-Cycle 形成在网络的空闲容量中，使工作路径可以在期望的路由中自由地进行寻路。配置的 P-Cycle 可以很容易地通过交叉连接器（OXC）进行调整，而环的配置基本是永久性的。表 3-1 总结了 P-Cycle 的一些特性，并与环做了比较[8,9]。

表 3-1　P-Cycle 与环的比较

特性	P-Cycle	SDH 环或 DWDM 环
传输模块	任何上下路或交叉连接信号单元	OC-n 或 DWDM 40, 80, 160 λ 等
保护能效	每个 P-Cycle 的工作容量单元可以最多有两个恢复路径	每个环的工作容量单元只有一个恢复路径
保护适应性	故障可在圈上链路和跨接链路	环只能保护仅在同一圈上的链路

（续表）

特性	P-Cycle	SDH 环或 DWDM 环
工作路径的路由和维护	可以不考虑保护结构，只要与 P-Cycle 相配即可	路由必须在配置环内进行且遵守环间传送限制
网络冗余度	基于链路恢复的格网的冗余度下限为 $1/(\bar{d}-1)$	一般会高于 100%，包括保护和工作路由的无效，下限为 100%
保护路径平均长度	跨接链路故障情况下为圈长度的一半；圈上链路情况下与环相同	环的 $N{-}1$ 跳

3. P-Cycle 的其他特性

P-Cycle 还有一些其他的重要特性。P-Cycle 可以基于 OXC 或基于类似 ADM 的容量薄片节点器件。基于 OXC 的 P-Cycle，形成于单独的空闲波长信道，可以提供适应和发展 P-Cycle 配置的巨大灵活性。而另一方面基于类 ADM 节点元件的 P-Cycle，可以提供环所不具备的容量按需增长的优势。在以上两种情况下，P-Cycle 可以提供在工作业务路由和保护容量配置之间的结构协同。与环不同的是，P-Cycle 形成在网络的空闲容量中，工作路径可以在空闲容量中自由地以最短径路由或其他路由方式进行路由。P-Cycle 的配置适合于工作流，而不是其他的方式。值得注意的是，很多关于 P-Cycle 冗余度的研究表明，P-Cycle 与最有效的最短径路由相关，或者说，P-Cycle 采用基于格网的最短径路由，从而具有相当的节省容量[10,11]。

工作路由的自由性使 P-Cycle 网络可以承受基于工作容量封包（Protected Working Capacity Envelope，PWCE）概念的动态操作[12]。在 PWCE 中，总可以提前知道在每个区段上究竟有多少的工作容量可以得到保护。只要某些区段上的保护容量没有完全得到利用，就可以有新的业务通道在其中进行路由（即在所谓的 PWCE 中进行路由，那么生存性维护过程就不需再动态地增加其他的路径通道）。

🔍 3.2 P-Cycle 的应用方法

P-Cycle 是一种十分优秀的光网络保护机制。P 圈技术利用格状网络的空闲资源来构造保护环路，这些环路是格状网络中一系列已经配置连接好的环。

配置了 P 圈的格状光网络具有和环形光网络差不多的保护倒换时间，这是因为在故障发生后只有 P 圈上的某两个节点执行倒换动作，并且这些动作在故障发生前都已经预先规定好了。它既具有环形网络通路倒换快的优点，又具有和空闲容量分配（Spare Capacity Assignment，SCA）算法或者关节容量分配（Joint Capacity Assignment，JCA）算法格状网络保护设计有一样的容量利用率高的优点。

　　P-Cycle 动态保护恢复是指网络中的业务是动态拆建的，网络中各节点之间的业务何时发起、持续时间不可预测，网络以 P-Cycle 方式为这些动态业务提供保护。

　　P-Cycle 比普通的环网保护多了一层保护功能，即它既能够保护环上的链路，还可以对不在环上的链路（跨接链路）进行保护。当环上的一条链路故障时，它可以进行类似于环保护的环回保护倒换。当它的一条跨接链路发生故障时，则有两条通路可以进行保护倒换。现有的环保护（UPSR、BLSR、FDDI）对单位容量都只能最多提供一条保护路径，而且只保护环上的故障。相比之下，P-Cycle 的保护效率就大大提高了。在占用同样容量的情况下，P-Cycle 的保护链路相比环形网络能多出 1/6 到 1/3。

　　综上所述，P-Cycle 保护是格状网络中一种保护方式，它结合了环形网保护和格状网保护恢复两者的优点。P-Cycle 利用空闲资源预先配置的环形通道来实现格状网络中的快速保护，同时允许业务选择最短的路由而不受网络中 P-Cycle 的限制。P-Cycle 的配置发生在任何网络故障出现之前，并且所需要的实时倒换动作是预先设计好的。尽管在倒换功能及网络拓扑上使用 P-Cycle 和环相似，但 P-Cycle 与至今为止任何有恢复能力的基于环的系统（包括"1+1"、单向通道保护环（UPSR）、双向线路倒换环（BLSR）、共享备用通路保护（SBPP）等）并不相同，因为它不仅能对环上链路的故障提供保护，还能为跨接区段的故障提供保护。

3.2.1　P-Cycle 单链路故障保护算法

　　P 圈的配置方法一般分成两种：静态 P 圈和动态 P 圈。静态 P 圈是指在网络规划初期，根据网络资源使用情况和对业务分布情况的预测计算一组 P 圈并进行配置，一旦 P 圈计算并配置成功，就不再改变。其主要利用整形线性规划方程（Integer Linear Programs，ILP）来解决，但是存在表达式烦琐、计算速度慢及甚至不能求解等问题。

　　动态 P 圈是指在业务进行过程中，根据实时的网络情况在一定策略驱动下，动态地计算并且修改 P 圈的配置情况，一旦以前所计算的 P 圈不再对当前的网络和业务进行有效的保护，则将重新配置一遍。其主要是通过启发式算法来寻找 P 圈，启发式算法步骤如下。

　　① 找出网络空闲容量中所有的候选圈；

　　② 计算每个圈的效率评价系数；

　　③ 选择效率评价系数最优的圈作为网络配置的一个 P-Cycle；

　　④ 从总的工作容量中减去被配置的 P-Cycle 所保护的工作容量，得到更新的网络工作容量分布；

　　⑤ 回到步骤②，直到每个区段上的工作容量均为 0（即均得到保护）。

在启发式算法的实现步骤中，首要的任务是要找到网络空闲容量中存在的候选圈集合，其实这也是求解整数线性规划方程要优先解决的问题。一种方法是列举网络所有的圈，如 Johnson 的 Circuit-Finding 方法[13]；另一种方法是列举网络中比较有效的圈，如 Chang Liu's 提出的 WDCS 方法[14]（其包括短圈的列举），以及 SSA[15]和 SSA 的扩展算法[16]。

3.2.2 P-Cycle 双链路故障保护算法

3.2.2.1 网络中的双故障解决方案研究现状

基于 P-Cycle 本身的特性，即 P-Cycle 可以保护在其区段（圈上区段和跨接区段）上的单区段故障，也就是说，一个 P-Cycle 可以在其中的一个单区段故障，并使其得到保护。那么，如果双区段故障发生在两个不同的 P-Cycle 中，则该双故障（本章中的双故障均指双区段故障）可以得到生存；如果双故障发生在同一个 P-Cycle 中，该双故障在 P-Cycle 静态配置可能得到生存。

Schupke 在文献[17-19]中分析了双故障的静态 P-Cycle 配置方案。该方案不能确保双故障的完全恢复（100%恢复）。该文指出，在同一个 P-Cycle 的双故障中，只是某些特殊的双故障情形可以通过故障信令得到恢复；通过进行 P-Cycle 的选择、降低敏感度和双故障的多区段共享，可以提高双故障的恢复率，其本质是选择 P-Cycle 的数量和提高 P-Cycle 的保护容量覆盖，使双故障处于不同的 P-Cycle 中并使其自然得到生存。在双故障发生后，通过容量优化和 P-Cycle 配置数量的最小化可以使近一半的业务连接得到恢复。仅最大化 P-Cycle 的配置数量，可以得到更高（75%）的双故障恢复率，当然，这需要更多的 P-Cycle 数量和更广泛的保护容量。

Schupke 还分析了双故障的重配置方案[20]。在成功进行一般的 P-Cycle 指配后，网络可以保证保护单链路。在单链路故障存在的前提下，通过在剩余网络寻找 P-Cycle，也就是在没有故障元素的拓扑中寻找新的 P-Cycle 配置，可使下一个故障得到保护。在该方法中，P-Cycle 肯定要基于新的拓扑和新的路径进行重新配置。要很好地保护所有的第二故障而进行的 P-Cycle 重新配置需要网络具有足够的空闲容量和连通度。

基于 ILP 的重配置方案分为完全重配置和增量重配置。完全重配置可以认为是，对于网络中的每一个单故障状态，都有一个预先优化的另一个 P-Cycle 集合可以执行倒换，使对下一个故障的保护达到最大化。此外，非故障状态也有一个特定的 P-Cycle 配置方案，它可以使任何单故障的恢复率达到100%。增量重配置方法就是在每个单故障发生后如何在已存在的配置上增加一些配置。或者说，在第一个故障后，需要这样一些 P-Cycle，它们已经找到而且只是部分在第一个故障的恢复中应用。因此，要保护第二个故障，可以分配额外的 P-Cycle。但作为一个选择，可以为已经存在的 P-Cycle 指配更多的保护关系。

3.2.2.2　静态 P-Cycle 双链路故障保护策略及其优化模型

1. 静态 P-Cycle 双链路故障的保护策略

在网络多故障情况下，如果至多只有一个故障发生在任何一个单独的 P-Cycle 中，这样形成的多重 P-Cycle 保护配置可以确保多故障得到生存。这是因为每个 P-Cycle 只能有效地"看见"一个单故障。在一个网络拓扑中，任意两个链路发生故障的情况下，要得到双故障的生存，可以考虑这样的 P-Cycle 配置：使得网络中任意两个链路均配置两个单独的、不同的 P-Cycle，这样可以把双故障问题转化为两个单独的、不同的 P-Cycle 之中的单链路故障问题，从而完成对双链路故障的完全保护。要求这两个单独的、不同的 P-Cycle 所相交的链路不能为故障链路。

在图 3-4 中，观察在网络拓扑图 G 中一个孤立节点所关联的边的情况，孤立节点 A 的拓扑度数为 3，与该节点相关联的边分别为 AB、AD、AC，当任意两边（如 AB、AC）发生链路故障时，可以找到对该两边（称为一个边的偶对）进行保护的 P-Cycle 对为 I 和 I'（称为一个 P-Cycle 的偶对）。

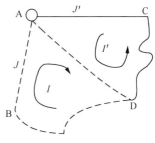

图 3-4　P-Cycle 配置对双故障对保护示意

上述证明了这种 P-Cycle 偶对的配置在孤立节点周围的可行性。更为有利的情形是，对于并非与一个节点相关联的双链路故障情况，显然存在对应的 P-Cycle 偶对，从而使双故障得到完全保护。基于孤立节点分析法具有容量生存性下限的特性，通过该保护方案就可以对网络所有的双链路故障进行完全保护[21]。

2. 静态 P-Cycle 双链路故障保护的优化模型

静态多重 P-Cycle 双链路故障的保护策略，通过一次配置，就可以对任意的双链路故障起到保护作用，减小了网络管理和控制的压力。它的保护响应速度很快（比单故障 P-Cycle 保护的响应速度略慢，需要简单的信令交换过程来判断使用哪一个 P-Cycle）。而基于 P-Cycle 保护的容量利用率也可以达到格网的水平。

通过以上分析，还可以得到这样一个重要的结论，对于任意节点的拓扑度数大于 3 的网络，通过该静态多重 P-Cycle 双链路故障保护策略，可以得到双链路故障的完全保护。

考虑一个网络拓扑图 $G(V, E)$，其每个节点的拓扑度数均大于 3，即 $d_k \geq 3$ $(k \in V)$。网络拓扑 G 的孤立节点 A 周围，任意两条边 J 和 J' 构成的边偶对 $J \neq J'$，存在两个 P-Cycle 为 I 和 I' 构成的 P-Cycle 偶对，$I \neq I'$，使得 $J \in I$，$J' \in I'$，且 $J \neq I \bigcap I'$，$J' \neq I \bigcap I'$；J 对应的所有 P-Cycle 的 I 的集合构成 P_J。同样，J' 对应

的所有 P-Cycle 的 I 的集合构成 P_I，上述符号参量存在这样的映射关系：$J \in I \in P_I$，$J \notin P_{I'}$；$J' \in I' \in P_{I'}$，$J' \notin P_I$，那么这样的 P-Cycle 配置可以对 J 和 J' 双链路故障进行保护。孤立节点分析具有容量生存性下限的特性，推广到一般情况，即对于拓扑图 G 中任意一个边偶对，均存在一个 P-Cycle 偶对为该边偶对提供完全保护。

在拓扑图 G 中，由于任意一个边偶对至少对应一个 P-Cycle 偶对，这样我们可以把双故障问题（边偶对）转化为单 P-Cycle 中的单故障问题。考虑到一个边偶对会有多个 P-Cycle 偶对与之对应，为了得到空闲容量的最小化，可以求解以下的整数线性规划方程。

Objective:

$$\min \sum_{J\,J'}^{|E|} (S_J + S_{J'}) \qquad (3\text{-}1)$$

Subject to:

$$S_J = \sum_{I}^{|P_I|} p_{IJ} n_I \qquad (3\text{-}2)$$

$$W_J \leqslant \sum_{I}^{|P_I|} X_{IJ} n_I \qquad (3\text{-}3)$$

$$W_J + S_J \leqslant C_J \qquad (3\text{-}4)$$

$$S_{J'} = \sum_{I'}^{|P_{I'}|} p_{I'J'} n_{I'} \qquad (3\text{-}5)$$

$$W_{J'} \leqslant \sum_{I'}^{|P_{I'}|} X_{I'J'} n_{I'} \qquad (3\text{-}6)$$

$$W_{J'} + S_{J'} \leqslant C_{J'} \qquad (3\text{-}7)$$

其中，$Cost_J$ 是链路 J 的成本或长度；$Cost_{J'}$ 是链路 J' 的成本或长度；S_J 是链路 J 上的空闲容量，$S_{J'}$ 是链路 J' 上的空闲容量；W_J 是链路 J 上的工作容量，$W_{J'}$ 是链路 J' 上的工作容量；C_J 是链路 J 上总的容量，$C_{J'}$ 是链路 J' 上总的容量；P_{IJ} 是 P-Cycle 的 I 的拷贝在链路 J 上空闲容量数量，$P_{I'J'}$ 是 P-Cycle 的 I' 的拷贝在链路 J' 上空闲容量的数量；X_{IJ} 是 P-Cycle 的 I 单拷贝提供给链路 J 的保护路径数量，$X_{I'J'}$ 是 P-Cycle 的 I' 单拷贝提供给链路 J' 的保护路径的数量；n_I 是在 P-Cycle 设计中 P-Cycle 的 I 拷贝数量，$n_{I'}$ 是在 P-Cycle 设计中 P-Cycle 的 I' 拷贝数量。

式（3-1）是目标函数即总空闲保护容量的最小化；限制条件式（3-2）决定保护容量的分配，限制条件式（3-3）确保工作容量均受到保护，式（3-4）给出了链路上的容量限制；式（3-5）同式（3-2），式（3-6）同式（3-3），式（3-7）同式（3-4）。

P-Cycle 网络的链路双故障保护设计问题就是求解以上描述的整型线性规划问题，从而可以得到对网络所有边（任意一个边偶对有一个 P-Cycle 偶对进行保护）进行保护的 P-Cycle 集合的网络配置。它的求解存在许多方法，我们可以采用一些启发式算法来解决此类组合优化问题。

3. 静态 P-Cycle 双链路故障保护配置准则

在网络拓扑 $G(V, E)$ 中，V 表示节点或顶点，E 表示链路或边。

静态 P-Cycle 双链路故障保护配置准则为：通过为网络中每条链路配置仅边相交于该链路的两个 P-Cycle，那么双链路故障时的业务就可以完全得到恢复。下面将严格证明该配置准则的正确性。

（1）双链路故障在 P-Cycle 网络中完全生存的条件

如果对任意两条故障链路 i 和 j，分别存在包含一条故障链路的两个 P-Cycle 为 P^i 和 P^j，只要故障链路不是两个 P-Cycle 的相交链路，双链路故障即可得到完全保护。

条件 1：如果 P^i 和 P^j 不相交，i 和 j 可以分别作为 P^i 和 P^j 中的单链路故障来处理，如图 3-5（a）所示，因此，双链路故障可以得到完全生存。

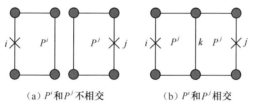

（a）P^i 和 P^j 不相交　　　　（b）P^i 和 P^j 相交

图 3-5　双链路故障可以生存的两种情形

条件 2：如果 P^i 和 P^j 相交于链路集合 K，其中 $k_1, k_2, \cdots, k_e \in K$，但 $i \notin K$ 且 $j \notin K$，也就是说，P^i 和 P^j 相交于非故障链路，即非 i 或非 j，显然，i 和 j 仍然分别为 P^i 和 P^j 中的单链路故障，因此，双链路故障可以得到生存[17]，如图 3-5（b）所示。

（2）P-Cycle 网络中双链路故障可完全生存的静态配置准则

在一个网络的多链路故障情况下，如果至多只有一个链路故障发生在任何一个单独的、无其他链路故障的 P-Cycle 之中，这样形成的多重 P-Cycle 保护配置可以确保多链路故障得到生存，这是因为每个 P-Cycle 能有效地"看见"一个单链路故障[17]。

命题：按照任意一个链路均存在两个仅边相交（边相交指的是两个 P-Cycle 相交且相交于网络拓扑中的边，即链路）于该链路 P-Cycle 的准则进行配置，这样网络中任意的双链路故障问题可以转化为网络中两个单独不同的 P-Cycle 之中的单链路故障问题，从而完成对双链路故障的完全保护。

证明：假设在网络拓扑图 G 中，任意一个链路均存在两个只是边相交于该链路的两个 P-Cycle。任意选取 G 中两条链路，$i \neq j$，对于链路 i，存在两个只是边相交于 i 的两个 P-Cycle 为 P_1^i 和 P_2^i，有 $P_1^i \bigcap P_2^i = i$，$\left| P_1^i \bigcap P_2^i \right| = 1$，"$\bigcap$" 表示边（链路）相交运算；同样对于链路 j，存在 P_1^j 和 P_2^j，有 $P_1^j \bigcap P_2^j = j$，$\left| P_1^j \bigcap P_2^j \right| = 1$。

为了证明该命题，我们分为 3 种情况。

① 当 $P_1^i = P_1^j$，$P_2^i = P_2^j$ 时，则 $i = j$，与假设 $i \neq j$ 矛盾，不成立。

② 当 $P_1^i = P_1^j$，$P_2^i \neq P_2^j$ 时，假如 P_2^i 与 P_2^j 为相交且相交于两个故障链路 i 和 j 的 P-Cycle。这样 P_2^i 包含 i 和 j 链路；又由于 $P_1^i = P_1^j$，P_1^i 也包含 i 和 j，那么 $P_1^i \bigcap P_2^i = (i, j)$，与假设 $P_1^i \bigcap P_2^i = i$ 不符，所以 P_2^i 和 P_2^j 不相交，或相交于非故障链路（i 和 j 链路），如图 3-6（a）所示。P_2^i 和 P_2^j 不相交，或相交于非故障链路（i 和 j 链路），根据双链路故障在 P-Cycle 网络中完全生存的条件，P_1（包括 P_1^i 和 P_1^j）中的双链路故障可转化为 P_2^i 和 P_2^j 中的单链路故障，这样双链路故障可以得到完全保护。

③ 当 $P_1^i \neq P_1^j$，$P_2^i \neq P_2^j$ 时，不失一般性，选择链路 i 由 P_2^i 提供保护，j 由 P_1^j 提供保护。可以分为下面 3 种情况来分析。

① 如果 P_2^i 和 P_1^j 不相交或分别不相交于 j 和 i，由双链路故障在 P-Cycle 网络中完全生存的条件可知，P_2^i 和 P_1^j 可以分别为 i 和 j 链路提供完全保护，如图 3-6（b）所示。

② 如果 P_2^i 和 P_1^j 边相交于链路 i 和 j，也就是说，P_2^i 和 P_1^j 不能分别为 i 和 j 提供完全的保护。那么 P_1^j 不能包含 i，P_1^i 不能包含 j，即 P_2^j 和 P_1^i 不能包含 i 和 j，否则 $\left| P_1^i \bigcap P_2^i \right| \geq 2$，$\left| P_1^j \bigcap P_2^j \right| \geq 2$，与假设不符。因此，在这种情况下，由双链路故障在 P-Cycle 网络中完全生存的条件可知，P_2^j 和 P_1^i 可以分别为链路 j 和 i 提供完全保护，如图 3-6（c）所示。

③ 如果 P_2^i 与 P_1^j 之中，只有一个 P-Cycle 与另外的链路 j 或 i 相交，假如 P_1^j 包含链路 i，P_2^i 不包含链路 j，那么 P_2^j 不可能包含 i，否则 $\left| P_1^j \bigcap P_2^j \right| \geq 2$，与假设矛盾。由双链路故障在 P-Cycle 网络中完全生存的条件可知，这样 P_2^j 和 P_2^i 可以分别为链路 j 和 i 提供完全保护，如图 3-6（d）所示。

这样就证明了该命题的正确性。

在上面的证明中，故障链路是环或 P-Cycle 的圈上链路。随着网络边连通度的增加，当故障链路是跨接链路的情况下时，这些结论也是明显正确的。这是由于包含跨接链路的圈可以看成是多个包含圈上链路的圈。

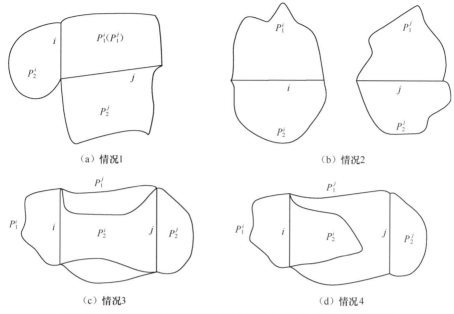

图 3-6　任意双链路故障转换为两个单独 P-Cycle 中的单链路故障

（3）静态 P-Cycle 双链路故障配置算法

本节进行仿真的是有 11 个节点、26 个链路的泛欧 COST239 网络，它是至少三边连通的拓扑[20]。给定每条链路上的工作容量为 2 个单位的工作容量，即给出了一个均匀的业务分布，相当于基于容量资源保护的情况。设计的仿真算法如下。

① 候选圈的生成算法：采用 SSA 算法的扩展找圈算法进行网络候选圈的生成。

② P-Cycle 配置算法：根据前面证明的 P-Cycle 双链路故障配置准则，为每条链路配置两个仅边相交于该链路 P-Cycle，即为每个链路选取只是边相交于该链路的 P-Cycle 偶对。

算法 1：选取先验效率 AE[16]之和最大的偶对为之。对剩余的链路均执行该 P-Cycle 偶对的选取操作。若有重复出现的 P-Cycle，只计算一次。

算法 2：第一个链路的 P-Cycle 偶对是以 AE 之和最大为原则。其他链路的 P-Cycle 偶对的选取，首先在已经被选的 P-Cycle 集合中选取，若没有，则按照 AE 之和最大为准选取。对剩余的链路均执行该 P-Cycle 偶对的选取操作。

算法 3：首先选取该链路可以成为某跨接链路的 P-Cycle，否则选取该链路可以成为某圈上链路的 P-Cycle，若有多个 P-Cycle 以长度最小为最后的选取标准。对剩余的链路均执行该 P-Cycle 偶对的选取操作。

算法 4：除第一个链路 P-Cycle 偶对是以 AE 之和最大为原则之外，其他链路 P-Cycle 偶对的选取均首先考虑在已经被选的 P-Cycle 集合中选取，若没有，则同算法 3 的选取原则。对剩余的链路均执行该 P-Cycle 偶对的选取操作。

算法 5：同算法 4，但第一个链路 P-Cycle 偶对的选取是同算法 3 的选取原则。为剩余的链路均执行该 P-Cycle 偶对的选取操作。

③ 确定第 j_{th} 链路的 P-Cycle 偶对的备份数量，即 n_1^j、n_2^j，若该链路是某个 P-Cycle 的圈上链路，则需要 2 个该 P-Cycle 的备份空闲容量；若该链路是跨接链路，则需要 1 个该 P-Cycle 的备份空闲容量；对于 j_{th} 链路的保护偶对 P_1^j 和 P_2^j，其相应的备份数为 n_1^j、$n_2^j \in \{1,2\}$。这样就可以计算每条链路的 P-Cycle 偶对所需的空闲容量和总的空闲容量。

④ 计算网络容量冗余度。容量冗余度定义为网络中 P-Cycle 的空闲容量与 P-Cycle 所保护的工作容量的比值。

仿真结果见表 3-2，通过使用该双链路故障配置准则对泛欧 COST239 网络进行配置，可以完成对单链路故障和双链路故障的保护。COST239 网络中所有的链路均可以找到仅边相交于该链路的 P-Cycle 偶对，验证了该 P-Cycle 双链路故障配置准则是可以实现的。单链路故障情况下的网络容量冗余度最小为 63%；双链路故障情况下的网络容量冗余度最小为 671%，表明双链路故障情况下容量冗余度过大。

表 3-2　COST239 网络的静态 P-Cycle 双链路故障配置准则的计算结果比较

计算项目	算法 1	算法 2	算法 3	算法 4	算法 5
单故障冗余度	0.88	0.93	0.63	0.85	0.84
一般双故障冗余度	12.79	11.52	6.71	8.46	8.33
共享双故障冗余度	2.0	2.0	2.0	2.0	2.0
P-Cycle 数量	47	25	45	23	23
平均 P-Cycle 长度（跳数）	6.94	6.17	5.29	4.98	4.98

采用共享 P-Cycle 配置[22]可以有效地提高双链路故障情况下网络容量利用率。共享 P-Cycle 配置的本质是它允许具有某个共同链路的多个 P-Cycle 共享该链路上的容量，从而达到减少用于保护的总空闲容量。采用共享 P-Cycle 的双故障保护配置准则，其容量冗余度均为 200%。理论分析可以得出，冗余度 $R < 200\%$ 是可能的，但其可能发生的概率极小，在 COST239 网络中，其概率小于 10^{-4}。

3.2.2.3　动态 P-Cycle 重配置启发式算法

为简单化，假设在双故障情况下，第二故障发生在第一故障已经完全得到 P-Cycle 保护的响应后。也就是说，任何第二故障均假设发生在第一故障和响应该故障的 P-Cycle 倒换已经完成的网络中。

在第一个故障发生后，用于恢复该链路上工作业务的 P-Cycle 不再可以保护其他受影响且起初受该 P-Cycle 保护的工作链路。此外，P-Cycle 处于恢复状态的保护路径比较脆弱，第二个故障可以直接攻击该保护路径。例如，图 3-7 中区段 2-7 的故障会使链路 2-3、3-4、4-5、5-6、6-7 和 3-6 上的工作容量易受到第二故障的攻击，而且保护路径（2-3、3-4、4-5、5-6、6-7）

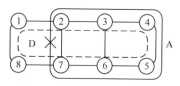

也是脆弱的。P-Cycle 的重配置可以减弱甚至消除这种脆弱性，比如，在该故障发生后，引入一个圈 D。要完全保护工作容量和保护容量，需要圈 D 的双备份[20]。

图 3-7　P-Cycle 重配置的范例

第一个单故障发生后，与该故障链路相关的 P-Cycle 上的工作容量和保护容量都是脆弱的。需要配置新的 P-Cycle，使这些脆弱的容量重新得到保护，从而抵御下一个故障的影响。

P-Cycle 重配置可以分为完全重配置和增量重配置。P-Cycle 重配置有一个前提，在非故障状态下，存在已配置好的 P-Cycle 可以确保对任何单链路故障的完全保护。此外，假设不受第一个故障影响的现存工作容量和路由保持不变。完全重配置是在每一个单故障状态下，在全网络范围内寻找一个预置优化的、可替换的 P-Cycle 集合进行倒换，来最大限度保护下一个故障。增量重配置是在每一个单故障状态下，保持不受第一个故障影响的 P-Cycle 的初始配置不变，再配置额外的 P-Cycle 来抵御下一个故障的攻击。

在网络拓扑 G 中，S 表示其链路集合，i 表示故障链路，k 表示为非故障链路。拓扑 G 的候选圈集合为 P，$x \in P$。n^x 表示配置中具有单位容量的 P-Cycle x 的数量。C_k 表示链路 k 上单位容量的成本或长度。w_k 和 s_k 分别是链路 k 上的工作容量和保护容量的数量。

对于任一个 P-Cycle x，可以采用实际效率系数（CWE），表示为

$$E_w(x) = \sum_{i \in S} w_k \rho_k^x \bigg/ \sum_{(k \in S | \rho_k^x = 1)} C_k \qquad (3\text{-}8)$$

式（3-8）用来计算和评估 P-Cycle x 的容量使用效率[16]，其中，ρ_k^x 表示 P-Cycle x 为链路 k 提供的保护路径数量。$E_w(x)$ 不仅考虑了 P-Cycle x 所能保护的工作业务数量，而且考虑了在该链路上实际未受保护的工作业务。

有以下 3 种可能因素使链路 i 的故障导致已配置的 P-Cycle $x(x \in X)$ 失去保护功能。

① 链路 i 是 P-Cycle x 的一部分；
② 链路 i 上有工作容量且是 P-Cycle x 的圈上链路；
③ 链路 i 上有工作容量且是 P-Cycle x 的跨接链路。

为简单化，采用以上 3 种因素所导致的已配置中失效 P-Cycle 集合的上限，即导致失效 P-Cycle 的链路集合表示为

$$X_i = \{x \mid x \in X, \rho_i^x > 0\} \tag{3-9}$$

其中，$\rho_i^x \in \{1, 2\}$，ρ_i^x 表示 P-Cycle x 为链路 i 提供的保护路径数量，$\rho_i^x = 2$ 表示 i 是 P-Cycle x 的跨接链路，$\rho_i^x = 1$ 表示 i 是 P-Cycle x 的圈上链路。那么失效的 P-Cycle 集合表示为

$$P_i = \{x \mid x \in P, \pi_i^x > 0\} \tag{3-10}$$

其中，$\pi_i^x = 1$，表示 i 是 P-Cycle x 的一部分（圈上链路）。脆弱的保护容量矩阵的元素表示为

$$s'_{k,i} = \sum_{x \in X_i} \pi_k^x n^x \tag{3-11}$$

其中，$\pi_k^x \in \{0, 1\}$，$\pi_k^x = 1$ 表示 $x \in X_i$ 经过 k，$\pi_k^x = 0$ 表示 x 不经过 k。脆弱的工作容量矩阵的元素表示为

$$w'_{k,i} = \sum_{x \in X_i} \rho_k^x n^x \tag{3-12}$$

而且，k 上的工作容量受 X_i 保护，其中，$\rho_k^x \in \{0, 1, 2\}$。为简单化，不考虑 k 上是否有工作容量。

设计的 P-Cycle 完全重配置启发式算法如下。

① 链路 $i = 1$ 出现故障后，计算网络 $G–i$ 中候选圈的集合，即原集合 P 减去式（3-10）所示失效的候选圈集合 P_i，表示为 $P - P_i$。

② 计算网络 $G–i$ 中需要保护的业务分布矩阵 W^i，表示为

$$W^i = \left[s'_{k,i} \right] + W \tag{3-13}$$

其中，$s'_{k,i}$ 如式（3-11）所示，W 为初始业务分布矩阵，对应 i 链路上工作业务量为 0。

③ 若某链路是此 P-Cycle 的圈上链路，则该链路上业务量减去 1；若某链路是此 P-Cycle 的跨接链路，则该链路上的业务量减去 2，然后更新网络 G 的业务分布矩阵 W（即链路上未受保护的单位工作容量数量）。

④ 重复步骤：计算式（3-8）所示每个圈的实际效率 $E_w(x)$，选取 $E_w(x)$ 值最大的圈作为配置的第一个 P-Cycle。重复步骤③和步骤④，直至业务分布矩阵所有元素为 0（即在任何链路上没有未受保护的工作业务）。

⑤ 统计已配置的 P-Cycle 集合 X 及 n_x（n_x 是在 X 中同一个 P-Cycle x 重复的次数）。

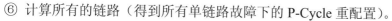

⑥ 计算所有的链路（得到所有单链路故障下的 P-Cycle 重配置）。

增量重配置方案是在用于单故障保护的 P-Cycle 初始配置基础上，尽可能保持初始配置不变，只需增加额外的 P-Cycle 来保护单链路故障 i 所导致的脆弱的工作容量和保护容量。在完全重配置算法中，只要改变其步骤②中的业务分布矩阵为

$$W^i = \left[s'_{k,\,i} + w'_{k,i} \right] \tag{3-14}$$

其他步骤不变，就可得到增量重配置算法。

通过对 P-Cycle 重配置启发式算法的分析可以看出，单故障的发生改变了初始网络拓扑和初始业务分布，而动态业务仅改变了初始业务分布。因此，动态业务的保护配置是双故障重配置的一种特例，只需要用初始业务分布与新的业务分布的差值直接替代 W^i，所以动态业务 P-Cycle 重配置的计算时间要小于双故障重配置的计算时间。

第一个故障发生后，使用 P-Cycle 重配置方法可以抵御下一个故障，影响业务恢复时间的主要因素有：单故障检测和定位、P-Cycle 重配置计算、重配置、第二故障检测、故障信息传递（通过节点和链路）、节点倒换。故障信息传递的时间会随链路长度和节点数量、类型的不同而变化。重配置计算要占用较多的恢复时间，而其他恢复进程所用时间之和为 50 ms 左右（对于 10 节点左右的 P-Cycle）。对于 P-Cycle 完全重配置，在第一个故障发生后，用于抵御下一个故障的配置平均计算时间为 48 ms，而新的动态业务来临时所需要的计算时间会小于该值。对于 P-Cycle 增量重配置，其相应的配置计算时间为 81 ms。那么，在该实例仿真中双故障的恢复时间分别约为 100 ms 和 130 ms，因此，该算法可以满足双故障情况下的大多数业务要求（200 ms 的可中断时间）。毫无疑问，该 P-Cycle 重配置快速算法同样适用于动态业务。

3.2.3　P-Cycle 节点故障保护算法

1. 节点环绕算法的原理及局限性

W. D Grover 团队中的 D. Stamatelakis 首先提出节点环绕（NEPC）算法[23]，该算法的核心思想是针对网络中的任何一个节点，首先发现与该节点相连的所有链路，并记录这些链路的邻居节点。在拓扑图上删除这几条链路以及节点 N，在新拓扑图上计算一个经过这些节点的环绕 P-Cycle。NEPC 算法是以某个节点 N 为中心来生成 P-Cycle，因此至少包含一个节点，即节点 N。根据 NEPC 算法，配置的保护圈可以对圈上节点间的业务流进行环回保护。如图 3-8 所示，节点 N 所配置的物理圈为 A-B-C-D-E，来保护所有经过节点 N 的业务，当然保护的对象是经过节点 N 的透传业务，任何以节点 N 为源/目的节点的业务是

无法保护的。

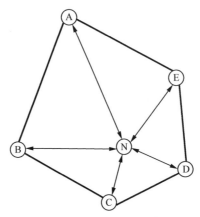

图 3-8　NEPC 算法示意

当节点 N 发生故障时，除了以节点 N 为源节点、目的节点外，穿过节点 N 的业务可以为节点 A、B、C、D、E 之间任意两两组合的业务。例如由节点 B 进入、经过节点 N 并从节点 E 流出的业务，或者由节点 D 进入、经过节点 N 从节点 A 流出的业务等。对于某一个节点 N_i，如果其节点度为 $D(N_i)$，假设这个节点使用该策略可以得到的最大 P-Cycle 数量 X_{N_i} 满足 $0 < X_{N_i} \leqslant C^2_{D(N_i)}$。为了保护流经节点 N 的业务，NEPC 利用节点 N 的所有邻居节点，配置 P-Cycle 的保护资源。例如，对于 B-N-E 间的业务，可以利用 B-A-E 或 B-C-D-E 两段圈上链路来进行保护。

但 NEPC 忽略了一个重要的问题，如果被保护的某个节点连通度较高，则计算出来的节点环绕 P-Cycle 并非具有最高的效率。因为对于节点故障而言，需要保护的是经过节点的透传业务，而并非是和节点相连的所有链路上的工作容量。

如图 3-9（a）所示，2-9-5-10-6-7 为 NEPC 计算出的圈集合，但是对于经过节点 3 的 7-10 间的透传业务，由于圈的规模过大，NEPC 计算出的倒换路由 7-2-9-5-10 跳数超过了 7-8-9-10，其保护效率不如圈 7-8-9-10。我们将对于节点故障保护的圈分为 3 类，分别为邻接增补圈、弦接增补圈和相交增补圈，下面将分别进行介绍。

① 邻接增补圈：两个邻居之间具有一跳直达路由，并且邻居之间的次短跳小于圈的余边长的圈，如圈 0-2-7。

② 弦接增补圈：非相邻的邻居节点间的，将多跳转发路径作为新的跨接链路，重新选择的次短径短于圈上余边长时所形成的圈，如圈 10-6-7-8-9（如图 3-9（c）所示）。

③ 相交增补圈：当两跳转发业务的最优径和次优径均不属于环绕 P-Cycle 的圈上链路集合时，重新计算该转发业务新的最优径和次优径构成新的保护圈，如 7-8-1-2-0（如图 3-9（d）所示）。

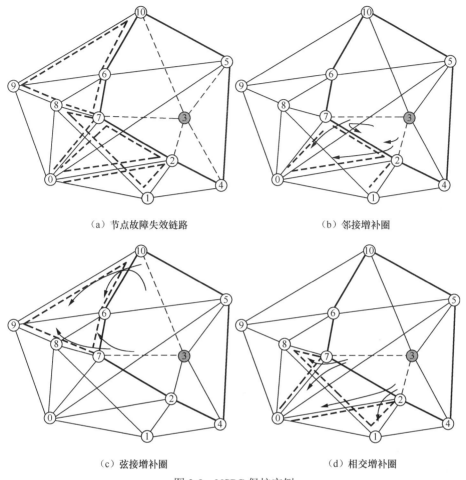

（a）节点故障失效链路　　　　　　　　（b）邻接增补圈

（c）弦接增补圈　　　　　　　　（d）相交增补圈

图 3-9　NSPC 保护实例

　　从以上定义可以看出，如果删除了节点 N 之后网络变成非连通图，说明存在某些节点的连通度为1，流经这些节点的业务无论如何是无法进行保护的。可以证明，对于连通度大于 2 的节点一定可以找到包含其所有邻居节点的环绕圈。对于连通度恰好为 2 的节点，不必特地计算环绕圈，只要两个邻居已经包含在其他的圈中即可。另外，能够形成相交增补圈的基本条件是相邻的邻居节点间的节点连通度至少是 5。

　　2. 基于 NSPC 的启发式算法

　　在计算保护圈时应当保证经过每个节点的转发业务都能够被至少一个圈所保护，并且保证链路的工作资源和保护资源符合链路的最大容量限制。链路上的波长最多被一个主用路径或者保护圈所使用。同时，不同保护圈上公共链路的保护波长应当不同，对于业务动态性较强的情况下，采用基于 ILP 模型的方法无法满足实时要求。本小节利用两跳转发路径，给出一种基于业务转发路径的节点 P-Cycle（NSPC）算法，用于提高 NEPC 的保护效率。下面将详细介绍算法流程。

首先对于每个业务流标记其业务信息标识 CallID，对于圈内节点 n_i 的每条链路，将其业务信息划分为两部分：本地终结业务（源或者目的）和本地透传业务。对于某个圈 p 内的所有业务可以表示为

$$\{Tr_i\}_p = \{Tr_{i\_L}\}_p + \{Tr_{i\_T}\}_p \qquad (3-15)$$

其中，$\{Tr_i\}_p$ 为保护 i 节点的圈 p 的第一类业务集合，无需保护；而 $\{Tr_{i\_T}\}$ 为第二类转发业务集合，标记每个业务的 $CallID$，区分转发业务流，对于每 M 个业务流，其业务 ID 分别为 $CallID_1, CallID_2, \cdots, CallID_M$。借鉴文献[24]的方法，为了提高首先保护效率，防止资源碎片产生，对于全部业务流进行排队处理，使得

$$Tr_{i\_T}\,|_{CallID=1} \geqslant Tr_{i\_T}\,|_{CallID=2} \cdots \geqslant Tr_{i\_T}\,|_{CallID=M} \qquad (3-16)$$

当所有的两条 P-Cycle 转发业务配置完成后，圈 p 的剩余容量可以表示为

$$Tr_{i\_res} = w_p - \sum_{\forall j \in p} Tr_{i\_T}\,|_{CallID_j} - |\{Tr_{i\_L}\}_p| \qquad (3-17)$$

其中，w_p 为圈 p 的初始总容量。

下面给出 NSPC 保护配置算法的详细步骤。

步骤 1：利用 NEPC[23]计算节点 P-Cycle 的基本圈集合，根据基本圈集合分别扩展邻接增补圈、弦接增补圈以及相交增补圈，针对 3 组 P-Cycle，综合采用基于业务修正的容量效率[25]作为 P-Cycle 的评价标准，对其进行排序。

步骤 2：根据动态业务矩阵的分布特性，通过 Dijkstra 算法或者其他路由算法对动态业务请求进行预路由，得到每条链路的工作容量分布，并为每个业务流进行编号，获得其 $CallID_M$。

步骤 3：根据其 $CallID_M$，在圈内节点区分业务的两跳透传部分和本地终结部分（如式（3-15）所示），并根据其业务 ID 以及工作容量进行排序（如式（3-16）所示），使得 $Tr_{i\_T}\,|_{CallID=k} = \max\limits_{k \leqslant m \leqslant M} \{Tr_{i\_T}\,|_{CallID=m}\}$，若存在无法配置保护容量的工作容量，则暂时保留。

步骤 4：将已经配置保护资源的工作容量从该圈中移除，遍历保护圈链表，依据共享保护方式将其他涉及的所有两跳转发工作容量扣除，计算剩余的工作容量（如式（3-17）所示）。重复步骤 3、步骤 4，直到网络的所有工作容量均配置了保护资源或者网络没有可用资源，算法结束。

根据上述计算过程我们发现，当且仅当网络所有两跳转发业务的最短径和次短径均为圈上链路时，NSPC 算法所计算出来的备选圈集合和 NEPC 算法所生成的保护圈完全一致。

为了验证算法的有效性，在 OPNET 仿真软件下搭建了仿真平台，采用北美 NSFNet 和泛欧 COST239 网络拓扑结构对算法性能进行了仿真（如图 3-10 所示）。在仿真过程中，每条链路上双向各有 16 个波长，网络承载的业务采用动态业务模型，业务矩阵通过伪随机矩阵生成算法生成，业务量从 80 Erl 增加到 180 Erl，故障类型为单节点故障。通过仿真可以得到资源冗余度、保护成功率、资源利用率等数据，并和文献[23]中的算法所用的配置策略进行比较。

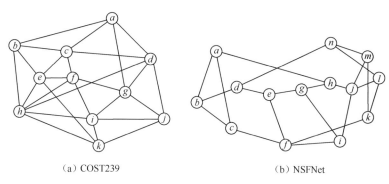

(a) COST239　　　　　　　　　　　(b) NSFNet

图 3-10　COST239 和 NSFNet 仿真网络拓扑

图 3-11 给出了不同算法在 NSFNet 和 COST239 网络拓扑下的资源冗余度曲线，可以看出，资源冗余度随着业务强度的增加而降低，并最终保持相对稳定，这是因为网络中的工作容量增多，从而减少了可用的保护容量。基于 SLA 算法的资源冗余度变化相对两种节点 P-Cycle 算法变化较小，NSFNet 和 COST239 分别保持在 1.5 和 1 附近。NSPC 的资源冗余度低于 NEPC 的资源冗余度，并在业务量较小时尤为明显，随着业务量目的增大（大于 140 Erl），可用保护资源减少，NSPC 的性能逐渐和 NEPC 接近。NSFNet 网络拓扑由于节点度较低，扩展的增补圈无法计算出有效的路由，会出现多个两跳转发业务扩展不成功的情况，因此，对于在 NSFNet 或者其他节点连通度较低的网络中，NSPC 的优势不如在 COST239 网络中明显。

作为对比，经典的 SLA 算法[25]是被选用在节点故障时的一种参考算法。从结果可以看出，SLA 在业务量为 80 Erl 上能提供接近 100%的保护，通过与故障节点相连的链路作为保护圈的跨接链路实施保护倒换，也就是说，对于单个的业务流可能发生多次倒换操作，其保护成功率（PSR）在业务量稍大时即明显下降，如图 3-12 所示。对于 COST239 网络拓扑，由于其连通性较高，增补圈可以完成配置，NSPC 可以利用较少的保护资源完成转发业务的保护，剩余的保护资源被其他保护圈所使用，保护成功率明显高于 NEPC。而在 NSFNet 中，NSPC 所计算出来的圈容量效率和 NEPC 相差不多，二者的保护成功率相近。

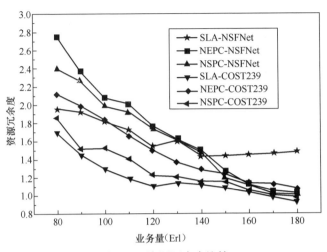

图 3-11　资源冗余度比较

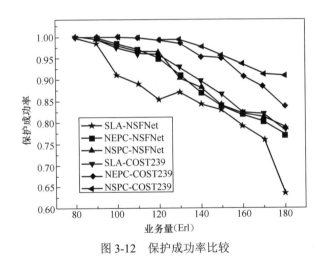

图 3-12　保护成功率比较

　　随着网络中业务量的不断增大，业务所使用的保护资源也不断增加，为这些工作资源所配置的保护容量也不断加大，所以全网的资源利用率呈上升趋势（如图 3-13 所示）。SLA 算法随业务量增大变化最为剧烈，NSPC 的利用率高于 NEPC 的利用率，且在业务量较大时更加明显，NEPC 利用两跳转发路径配置将 NEPC 拆开为多个子圈，提高了网络资源利用率。而 NSFNet 在业务量很小和很大时，资源利用率均低于 COST239，这是因为 NSFNet 连通度低，在业务量较小时找到圈的保护路径较长，而业务量较大时所能建立连接的业务数目减少，从而降低了资源利用率。

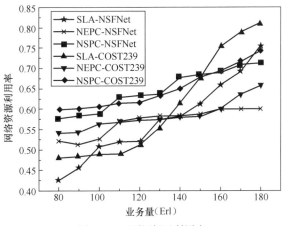

图 3-13　网络资源利用率

为了衡量路由算法对于 P-Cycle 配置的影响，图 3-14 给出了在固定路由最小阻塞算法（FPLC）和 Dijkstra 两种算法下的保护成功率，分别用 F 和 D 表示。可以看出，和 D 算法相比，各种 P-Cycle 配置方法在 F 路由算法下的保护成功率均有不同程度的下降。由于 FPLC 的优化目标是负载均衡，所选路由不一定最优，通常具有较长的路由长度，所以故障所影响的工作链路就会增多。NEPC 算法受路由算法影响最大，在业务量为 180 Erl 时不同路由算法的 PSR 相差约 5%。SLA 和 NSPC 算法分别针对单条和两条跨接链路进行配置，所受路由算法影响相对较小，但也下降了 2%～3%。

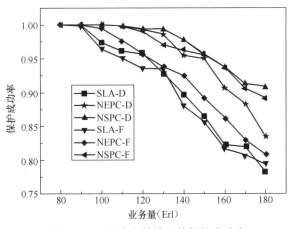

图 3-14　不同路由算法下的保护成功率

通过上述分析可以看出，基于 NEPC 的 P-Cycle 生成算法进一步提高了 NEPC 的资源利用效率。仿真结果表明，扩展的增补圈可以有效地减少网络中用于保护的配置资源，进一步提升 P-Cycle 配置资源的保护资源利用率。该方法在业务强度较高以及连通度较高的网络中，具有明显的优势。跳数对 P-Cycle 性能的影响如图 3-15 所示。

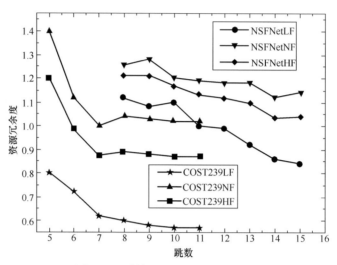

图 3-15 跳数对 P-Cycle 性能的影响

表 3-3 给出了几种常见的生存性方案的业务恢复时间和占用保护资源的简单对比。业务恢复时间包含信令时间和 20 ms 的设备倒换时间，其中，信令时间包括故障的发现与定位时间、倒换指令处理时间和传递时延等。采用 1:1 方案时恢复速度最快，只需要 30 ms 左右；采用重路由方式需要的业务恢复时间高达 100 ms 左右。而采用 P-Cycle 实现网络生存性时故障业务恢复速度比较快，发生链路故障时需要 40 ms 左右的恢复时间，发生节点故障时也只需要 50 ms 左右的恢复时间，说明了 P-Cycle 具有快速的业务恢复能力。

表 3-3　业务恢复时间比较

保护方式	重路由	1:1	P-Cycle（链路故障）	P-Cycle（节点故障）
恢复时间（ms）	105	32	42	53
占用保护资源	不占用	较多	较少	较少

借鉴已有的关于链路保护和节点保护的 P-Cycle 构造和配置方法，提出了一种基于 P-Cycle 的混合故障环境下的保护模型，根据混合容量效率进行 P-Cycle 优选，并扩展仿真平台和已有的算法进行了比较，仿真结果表明在网络负荷较低时，可以在实现 100%混合故障保护的前提下，减少保护资源的配置，提高网络资源利用率。并且综合保护恢复速度和资源效率等因素，给出了具有最大 P-Cycle 跳数限制下的 P-Cycle 配置方案，对于实际网络的操作具有指导性的意义。但是在实

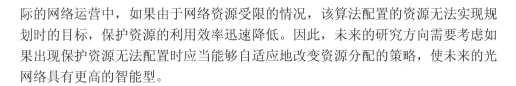
际的网络运营中，如果由于网络资源受限的情况，该算法配置的资源无法实现规划时的目标，保护资源的利用效率迅速降低。因此，未来的研究方向需要考虑如果出现保护资源无法配置时应当能够自适应地改变资源分配的策略，使未来的光网络具有更高的智能型。

3.2.4　P-Cycle 非对称业务配置方法

在动态业务环境下，业务的请求通常都是根据当前所配置的业务矩阵，按照矩阵的分布特性随机到达网络。每个业务的服务时间是有限的，在业务完成后，动态地拆除并释放相应的资源[21]。业务的动态特性主要是指在每个请求到达前，无法确定网络中的业务分布情况。关于 P-Cycle 的已有配置算法研究，多是按照双向容量配置的原则进行配置的。

在静态业务环境下，实际的工作容量并不是很大，配置的 P-Cycle 基本可以达到预期的效果[26]。但是在动态业务环境下，配置的保护资源或者不能充分地对业务进行保护，或者浪费了过多的资源进行预先配置。链路 B-E 上两倍的双向工作容量，是通过其保护圈 A-B-C-D-E 上的单倍保护容量来保护。但是当 B-E 与 E-B 的工作容量不相等时，剩余的容量仍然需要占用连接 A-B-C-D-E 上的资源，不但不能体现出 P-Cycle 对于跨接链路的保护优势，相反还浪费了超过半个圈的容量作为无用的保护容量。本章给出一种在非对称业务环境下，针对单链路故障的 P-Cycle 配置算法，可以有效利用网络的容量，并且能够在不影响保护成功率的前提下，进一步提高网络的资源利用率。

下面给出 CBM 保护配置算法的详细步骤。

步骤 1：利用 SLA 算法计算基本圈（BP）集合，采用基于业务的容量效率作为 P-Cycle 评价标准，对于 P-Cycle 进行排序。再通过网孔圈（MP）算法计算备选 P-Cycle 集合。两组 P-Cycle 分别根据修正的加权容量效率[16]和 P-Cycle 长度进行排序。

步骤 2：根据动态业务矩阵的分布特性，通过 Dijkstra 算法对动态业务请求进行预路由，得到每条单向链路的工作容量分布。

步骤 3：计算工作容量的对称部分和非对称部分，并对链路的工作容量进行排序，使得 $Tr_{sym}\_new_i = \max\limits_{i \leqslant j \leqslant L}\{Tr_{symj}\}$（可选）。首先将对称部分在 BP 集合内进行配置，无法配置保护容量的工作容量暂时保留。

步骤 4：在网络负载较重的情况下，有些工作容量无法分配到足够的保护资源，对于这些没有获得保护资源的对称工作容量，可转化为单向配置过程，采用 MP 继续提供保护。直到所有工作容量均以分配保护资源或者网络中没有可用的 P-Cycle 进行配置，算法结束。

在 COST239 网络拓扑中，假定输入的业务分布矩阵为下三角业务矩阵，业务强度为 10 Erl 的环境下，计算出 P-Cycle 性能参数见表 3-4，为了区别于其他工程，此处统一以 CBM 开头表示一系列的算法。其中，CBMTRS 为工作容量排序并且采用单向配置算法；CBMNTRS 为不进行排序单向配置算法；CBMNTRD 为与 CBM 系列算法作为对比的生成算法，其中未应用业务分离的操作，采用的资源配置方法为文献[21]中的配置方法；CBMTRD 采用的配置方法同样为文献[26]中提到的保护容量配置方法，但是增加了工作容量排序。可以看出在几个算法中，CBMNTRS 的冗余度是最低的，相应的 CBMNTRS 使用的圈个数和配置的保护资源占全网资源的百分比也是最少的。因为 CBMNTRS 在选择圈时并没有将负载分摊到各个圈，所以其配置的圈数量最少、长度最长，其平均圈的长度达到了 4.692 跳。

表 3-4 P-Cycle 的性能比较

	物理圈数	单波圈数	平均长度	冗余度	资源占用
CBMTRS	22	25	3.909	2.011	0.207
CBMNTRS	13	13	4.692	0.779	0.080
CBMTRD	28	38	4.535	2.348	0.242
CBMNTRD	32	41	4.562	2.476	0.256

利用 OPNET 软件，利用智能光网络节点、路由器可以配置成仿真需要的自动交换光网络。控制平面的拓扑结构和传送平面的拓扑结构可以完全一致也可以有所不同，网络拓扑可以配置成任何需要的形式，包括环网和格状网。网络中各节点的位置可以按经纬度配置，各种背景地图可以辅助判断节点要放置的位置。节点运行的协议、算法、业务配置及资源情况可以根据需要配置。链路可分为控制链路和光纤链路，前者用于传送带外的控制信息，后者用于传输实际的数据流量。在该仿真平台下，通过外部选择 P-Cycle 的生成算法，能够比较不同算法的仿真性能。图 3-16 中所示的网络为泛欧 COST239 网络，在仿真过程中，每条链路上双向各有 16 个波长，网络承载的业务采用动态业务模型，业务矩阵通过非对称伪随机矩阵生成算法生成，业务量从 80 Erl 增加到 210 Erl。通过仿真可以得到资源冗余度、保护成功率、业务恢复时间、全网资源利用率等数据以及 P-Cycle 在单链路故障下的保护恢复时间等，并和文献[26]中算法所用的配置方法进行比较。

图 3-16 给出了不同业务量下配置不同 P-Cycle 后的全网资源占用率，从图中可以看出，随着网络中业务量的不断增大，全网资源占用率逐渐上升，在业务量达到130 Erl 附近处达到一个极大值。因为随着业务数目的由少到多，承载业务所使用的波长数目也不断增加，为了保护这些业务连接所配置的保护波长数目也不断增加，所以全网的资源占用率呈上升趋势。当网络中业务的数目到达一定量时，网络中的资源在工作和保护两方面的分配达到了最大，所以出现一个峰值。随后，业务量继

续加大，导致一些 P-Cycle 没有足够的波长用于预配置，所以资源占用率稍有下降。随着业务量继续增大，总的用于业务的波长数目也在增加，资源占用率继续上升。

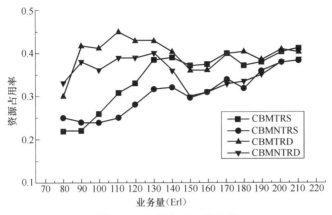

图 3-16　资源占有率的比较

图 3-17 给出了不同业务量下的冗余度比较，在网络负载相对较轻时，CBMNTRS 的冗余度最低，CBMTRS 其次。因为在单向环境中采用双向保护圈配置会浪费较多的保护资源，随着业务强度的加大，由于没有足够的资源进行预配置，所以资源浪费相对较少，即使采用业务分割进行配置，也没有可以配置的资源，最终在业务量很大时，所有算法的冗余度趋于一致。

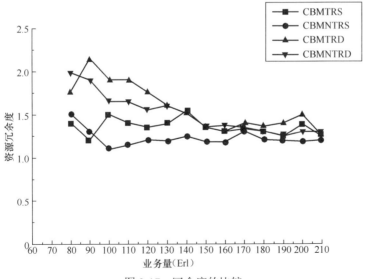

图 3-17　冗余度的比较

图 3-18 给出了不同业务量下保护成功率的比较，对于生存性而言，保护成功

率是衡量 P-Cycle 算法一个最为重要的参量。可以看出，本章提出的 CBMTRS 算法保护效果最好，在网络业务量达到 210 Erl 时，仍然能够提供高达 93%的保护成功率。而采用文献[22]中的算法时，在业务量达到 120 Erl 时，保护成功率就已经明显下降。在不能提供完全保护时，CBMTRS 的保护效果优于 CBMNTRS，业务排序后可以充分地利用最优圈保护，由于 CBMTRS 对于负载较重的链路会首先进行保护配置，可以防止保护资源最后无法为该链路提供保护，即可以将该链路的工作资源分散到多个 P-Cycle 中进行保护。

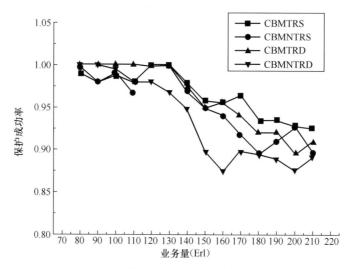

图 3-18　保护成功率的比较

图 3-19 给出了保护资源率的性能比较，可以看出，在网络的业务量小于 150 Erl 时，CBMTRS 和 CBMNTRS 由于采用单向配置，其资源利用率明显高于 CBTRD 和 CBMNTRD，在业务量较大时最终由于资源不足而趋于一致。实际上，在非对称的动态业务环境中，当网络负载较轻时，采用 CBMNTRS 进行保护资源配置的性能较好。当网络负载较重时，CBMTRS 算法的保护成功率最高同时资源的花费也相对较小，文献[26]的算法经过简单的工作容量排队改进后在网络负载较重时，其性能也有很大改善。因此，对于一个随机分布的业务请求，采用基于 CBM 联合保护策略的算法可以大幅提高动态网络的资源的利用率。

　　为了更加清楚地表明网络的性能在保护圈规模扩大时的影响，特别针对小负载网络进行模拟。当基础圈集合进行扩充后，P-Cycle 的备选集合将扩大，当网络中业务数量较小时，采用 P-Cycle 保护方式的网络资源冗余度通常是比较高的，甚至不如传统"1+1"或者"1:1"保护的效率高。由于网络在业务量较低时共享保护圈的工作链路较少，所配置的保护资源的可保护工作资源远超出现有的工作容量。随着网络中业务量增大，P-Cycle 的冗余度将逐渐降低。规模扩大后的 P-Cycle 通常具有更高的保护成功率，并且在业务量增大时更加明显，这是因为业务量加大使得网络中可用于配置 P-Cycle 的资源不足，会产生所谓的容量碎片，所以计算资源利用效率更高的 P-Cycle 就显得尤为重要[27]。实际上，不同的路由算法对 P-Cycle 的恢复时间也会产生一定的影响。仿真结果表明，在采用 Dijkstra 路由算法时，P-Cycle 的平均恢复时间约为 45~48 ms；而采用 FPLC 路由算法时，P-Cycle 恢复时间约为 45~48 ms。这是由于 Dijkstra 算法计算出的业务平均路由长度在 1.5 跳左右，且绝大部分业务的路由长度仅为 1 跳；FPLC 算法为实现负载均衡而牺牲了路由长度，其业务路由长度平均为 2.2 跳左右，从而也相应地增加了业务的恢复时间。一般来说，P-Cycle 的长度越长，所包含的跨接链路越多，对应的容量效率也就越高。网络中规模最大的圈也就是哈密顿（Hamiltonian）圈[28,29]，其容量效率最高。但是，在业务量比较小的情况，哈密顿圈的保护资源利用率并不高，因为哈密顿圈提供了大量冗余的保护资源，远高于当前网络中存在的工作容量。因此，对不同的网络负载状况，应当采用适当的配置策略，而不是一味地追求 P-Cycle 的高保护容量效率。

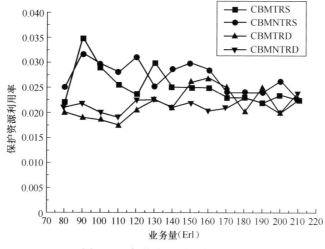

图 3-19　保护资源利用率的比较

3.3　P-Cycle 效率评价

　　P-Cycle 的效率评价系数既可以在启发式算法中用于候选圈的选定，也可以在列举了网络中所有的圈后，进行圈的预选后作为 ILP 方程求解的优先条件。效率评价系数，就是用来判断一个圈在 P-Cycle 设计中的使用效率如何以及是否能够充分发挥其功能潜质。效率评价指标主要分为拓扑分值（Topological Score，TS）、先验效率（Priori Efficiency，AE）、实际效率（Capacity-Weighted Efficiency，CWE）和效率比值（Efficiency Ratio，ER）等 4 个方面。

3.3.1 拓扑分值

一个候选圈的拓扑分值定义为

$$TS(j) = \sum_{i \in S} x_{ij} \qquad (3\text{-}18)$$

其中，j 表示所有圈集合 P 中的候选 P-Cycle，i 表示网络区段集合 S 中的元素。$x_{ij} = 0, 1, 2$，其依赖于圈 j 在网络中的拓扑关系（当 i 是 j 的跨接区段时，$x_{ij} = 2$；当 i 是 j 的圈上区段时，$x_{ij} = 1$；当 i 与 j 无关时，$x_{ij} = 0$）。因此，$TS(j)$ 仅表示圈 j 可以提供的所有保护关系的数量[30]。

拓扑分值 $TS(j)$ 没有考虑可以在圈 j 上所构建的相应 P-Cycle 的网络资源，也没有考虑业务流是否完全利用了 $TS(j)$ 所表示的最大保护关系。很显然，越大的圈就具有越高的 TS 分值。实际上，如果一个网络中有哈密顿圈，那么该哈密顿圈的 TS 分值为同等长度圈的最大值，$TS = N + 2(S - N)$，N 为网络节点数，S 为网络区段数。

3.3.2 先验效率

当网络拓扑中的一个圈被作为一个 P-Cycle 的候选圈时，它的先验效率（简称容量效率）[30]定义为该 P-Cycle 所能保护的工作容量除以该 P-Cycle 的总成本，即

$$AE(j) = \frac{\sum_{i \in S} x_{ij}}{\sum_{k \in S} \delta_{k,j} c_k} = \frac{TS(j)}{\sum_{k \in S} \delta_{k,j} c_k} \qquad (3\text{-}19)$$

其中，当区段 k 是圈 j 的一部分时，$\delta_{k,j} = 1$，否则 $\delta_{k,j} = 0$；c_k 是单位容量 P-Cycle 上区段 k 的成本。一般情况下，分母是 P-Cycle 的构建成本度量值。因此，高的先验效率表示每单位成本（或长度）的候选 P-Cycle 具有许多潜在的圈上区段或跨接区段，也就是说，该 P-Cycle 可以提供高的保护容量效率。值得注意的是，在 TS 和 AE 中，跨接区段对拓扑分值的贡献是圈上区段的两倍[30]。

图 3-20 给出了 3 个将成为 P-Cycle 的例子以及其 AE 的计算（仅计算总的跳数作为其 P-Cycle 成本的度量值）。

该例可以明显看出 AE 有以下特点。

① 选择一条额外的跨接区段的效率是选择一条额外圈上区段效率的两倍；

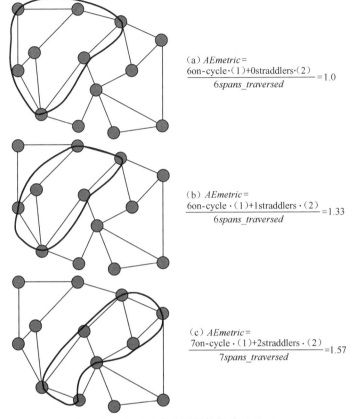

（a）$AEmetric=$
$$\frac{6on\text{-}cycle\cdot(1)+0straddlers\cdot(2)}{6spans\_traversed}=1.0$$

（b）$AEmetric=$
$$\frac{6on\text{-}cycle\cdot(1)+1straddlers\cdot(2)}{6spans\_traversed}=1.33$$

（c）$AEmetric=$
$$\frac{7on\text{-}cycle\cdot(1)+2straddlers\cdot(2)}{7spans\_traversed}=1.57$$

图 3-20　用 AE 来鉴别好的候选 P-Cycle

② 非简单圈比简单圈可以提供更多的跨接关系（目前限制在简单圈范围）；

③ P-Cycle 的最大分值发生在 N 个节点全连通情形（是该 P-Cycle 而非网络有 N 个节点）；

④ 任何传统环的 AE 值为 1.0。

任何包含 N 跳的环只能保护 N 个圈上故障。相比而言，P-Cycle 由于增加跨接区段保护关系，保护的区段要多。P-Cycle 保护效率的极限出现在具有 N 跳的 P-Cycle 在所有节点之间全连接时，其每个单位容量具有 $N-2$ 个保护关系，如图 3-21 所示。该 N 个节点的全连通格网的区段数 S 为

$$S=(N(N-2))/2 \tag{3-20}$$

其中，圈上区段数为 N，则跨接区段数为 $S-N$。那么容量效率为

$$AE=\frac{N\times1+\left(\dfrac{N(N-1)}{2}-N\right)\times2}{N}=N-2 \tag{3-21}$$

83

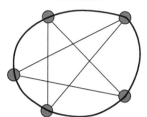

全联通格网

拥有 N 个节点的全联通格网边数 $=(N(N-1))/2$

圈中每个区段的保护关系数量

$$\frac{N \cdot on\text{-}cycle \cdot (1) + (\frac{N(N-1)}{2} - N)straddlers \cdot (2)}{N} = N-2$$

图 3-21　在圈中每条区段具有 $N-2$ 个保护关系的极限

同样可以分析出，对于一个具有 N 个节点 S 个区段的网络，如果存在一个哈密顿圈，那么该 P-Cycle 具有最高的容量效率 $AE = \bar{d} - 1$，其中，$\bar{d}$ 为网络的平均节点度值，$\bar{d} = 2S/N$。当然，$\bar{d} - 1$ 的容量效率相当于 $1/(\bar{d} - 1)$ 的冗余度下限。

3.3.3　实际效率

如上所述，TS 和 AE 二者均是 P-Cycle 所提供的具有潜在保护价值的纯拓扑评估。而这种潜质是否被完全利用要依赖于相应的工作容量 w_i 是否存在。于是提出了实际效率即容量权重效率（CWE）[16]，通过对式（3-21）进行修正得到的 CWE 表示为

$$CWE(j) = \frac{\sum\limits_{i \in S} w_i x_{ij}}{\sum\limits_{k \in S} \delta_{k,j} c_k} \tag{3-22}$$

其中，w_i 表示区段 i 上未受保护的工作容量数量。

一个 P-Cycle 的 CWE 不但依赖于圈上区段和跨接区段的数量，还依赖于这些区段上的工作容量的大小。式（3-22）不但给出了 P-Cycle 为假设的工作容量提供保护所具有的能力推测，还指出了 P-Cycle 在特定工作容量情形下的实际适应性。

3.3.4　效率比值

通常情况下，网络业务是不可能在两个节点间的两个方向上对称的。这意味着工作波长和保护波长的信道数不可能在两个方向上相同。为不失一般性，考虑单方向的 P-Cycle。一个单位容量定义为一个波长。用单位 P-Cycle 表示单方向的 P-Cycle，其在每个区段上的容量是一个单位波长。一个单位 P-Cycle 可以保护圈上区段上反方向的一个单位工作容量，可以保护跨接区段上两个方向上的工作容量。一个单位 P-Cycle 的空闲容量等于该 P-Cycle 的圈上区段数量。

一个单位 P-Cycle 的效率比值（ER）定义为该 P-Cycle 实际可以保护的单位工作容量数量与该 P-Cycle 空闲单位容量的数量比值[31]。

注意到，一个单位 P-Cycle 的 ER 是由拓扑结构和受该 P-Cycle 实际保护的工作容量决定的，因此，它是该单位 P-Cycle 的一种后验效率（Posteriori Efficiency）。而一个 P-Cycle 的 TS 和 AE 仅由拓扑结构决定，是一种先验效率（Priori Efficiency）。

　　一个 ER 较大的单位 P-Cycle 意味着它的空闲容量利用率比较小 ER 的 P-Cycle 要高。那么基于 ER 选择的启发式算法，可以通过识别和利用这些特征，可以尽量保护更多工作容量的单位 P-Cycle，从而可以减少总的空闲容量。

🔍 3.4　本章小结

　　P-Cycle 的出现为在格状网络中实现快速的故障保护提供了有效的手段，其可利用空闲资源预先设置的环形通道来实现格状网络中的快速恢复。本章主要介绍了如何将 P-Cycle 应用于光网络中。首先介绍了 P-Cycle 的概念及其特性；然后介绍了其在单链路故障、双链路故障、节点故障以及混合故障场景下的保护算法；最后简要介绍了 P-Cycle 效率评价指标。

参考文献

[1]　GROVER W D, STAMATELAKIS D. Cycle-oriented distributed pre-configuration: ring-like speed with mesh-like capacity for self-planning network restoration[C]//Proc. IEEE International Conference on Communications (ICC 1998), Atlanta, Georgia, USA, 1998.

[2]　GROVER W D, STAMATELAKIS D. Self-organizing closed path configuration of restoration capacity in broadband mesh transport networks[C]//Proc. Second Canadian Conference on Broadband Research (CCBR 1998), Ottawa, Ontario, Canada, 1998.

[3]　GROVER W D, STAMATELAKIS D. Bridging the ring-mesh dichotomy with P-Cycle[C]//Proc. of DRCN Workshop, 2000.

[4]　GROVER W D. Understanding P-Cycle, enhanced rings, and oriented cycle covers[C]//Proc. First International Conference on Optical Communications and Networks (ICOCN 2002), Singapore, 2002.

[5]　KODIAN A, SACK A, GROVER W D. P-Cycle network design with hop limits and circumference limits[C]//Proc. First International Conference on Broadband Networks (BROADNETS 2004), San José, California, USA, 2004.

[6]　CLOUQUEUR M, GROVER W D. Availability analysis and enhanced availability design in P-Cycle-based networks[J]. Photonic network communications, 2005, 10(1): 55.

[7]　BLOUIN F J, SACK A, GROVER W D. Benefits of P-Cycle in a mixed protection and restoration

approach[C]//Proc. Fourth International Workshop on the Design of Reliable Communication Networks (DRCN 2003), Banff, Alberta, Canada, 2003.

[8] GROVER W. P-Cycle, ring-mesh hybrids, and mining: options for new and evolving optical transport networks[C]//Proc. Optical Fiber Communication Conference (OFC 2003), Atlanta, Georgia, USA, 2003.

[9] GROVER W D. Understanding P-Cycle, enhanced rings, and oriented cycle covers[C]//Proc. First International Conference on Optical Communications and Networks (ICOCN 2002), Singapore, 2002.

[10] GROVER W, DOUCETTE J, CLOUQUEUR M, et al. New options and insights for survivable transport networks[J]. IEEE communications magazine, 2002, 40(1):34.

[11] LIPES L. Understanding the trade-offs associated with sharing protection[C]//Proc. Optical Fiber Communication Conference (OFC), Anaheim, California, USA, 2002.

[12] SHEN G, GROVER W D. Design and performance of protected working capacity envelopes based on P-Cycle for dynamic provisioning of survivable services[J]. Journal of optical networking, 2005, 4(7): 361.

[13] JOHNSON D B. Finding all the elementary circuits of a directed graph[J]. SIAM J. computing, 1975, 4(1): 77-84.

[14] CHANG L, LU R. Finding good candidate cycles for efficient P-Cycle network design[C]//Proc. 13th International Conference on Computer Communications and Networks (ICCCN 2004), Chicago, IL, United States, 2004.

[15] ZHANG H, YANG O. Finding protection cycles in DWDM networks[C]//Proc. IEEE International Conference on Communications (ICC), New York, 2002.

[16] DOUCETTE J, HE D, GROVER W D, et al. Algorithmic approaches for efficient enumeration of candidate P-Cycle and capacitated P-Cycle network design[C]//Proc. Fourth International Workshop on the Design of Reliable Communication Networks (DRCN 2003), Banff, Alberta, Canada, 2003.

[17] SCHUPKE D A. The tradeoff between the number of deployed P-Cycle and the survivability to dual fiber duct failures[C]//Proc. IEEE International Conference on Communications (ICC), Anchorage, Alaska, USA, 2003.

[18] SCHUPKE D A. Multiple failure survivability in WDM networks with P-Cycle[C]//Proc. IEEE International Symposium on Circuits and Systems (ISCAS 2003), Bangkok, Thailand, 2003.

[19] 侯林, 徐美玉, 顾畹仪. 静态 P-Cycle 双链路故障保护策略的研究[J]. 现代有线传输, 2005, (6).

[20] SCHUPKE D A, GROVER W D, CLOUQUEUR M. Strategies for enhanced dual failure restorability with static or reconfigurable p-cycle networks[C]//Proc. IEEE International Conference on Communications (ICC), 2004.

[21] 李彬, 臧云华, 邓宇, 等. 格状光网络中基于非对称业务的 P 圈配置策略[J]. 北京邮电大学学报, 2008, 31(1): 1-4.

[22] ZHONG W D, ZHANG Z R. Design of survivable WDM networks with shared-P-cycles[C]//Proc. Optical Fiber Communication Conference (OFC 2004), Los Angeles, USA, 2004.

[23] STAMATELAKIS D, GROVER W D. P layer restoration and network planning based on virtual protection cycles[J]. IEEE journal on selected areas in communications, 2000, 18(10): 1938-1949.

[24] DOUCETTE J, GIESE P A, GROVER W D. Combined node and span protection strategies with node-encircling P-Cycles[C]//Proceedings.5th International Workshop on Design of Reliable Communication Networks (DRCN 2005), 2005: 213-221.

[25] 李彬, 臧云华, 邓宇等. 一种基于 P 圈的 ASON 混合故障保护模型[J]. 高技术通讯, 2009, 19(2): 125-129.

[26] 张沛, 邓宇, 黄善国, 等. WDM 网络中 P 圈保护算法[J]. 北京邮电大学学报, 2007, 30(1): 127-131.

[27] LI B, HUANG S G, GU W Y, et al. Novel iterative P-Cycle configure model in WDM intelligent optical network[C]//ACP 2009, 2009.

[28] SCHUPKE D A. On hamiltonian cycles as optimal P-Cycles[J]. IEEE communication letters, 2005, 9(4).

[29] SACK A, GROVER W D. Hamiltonian P-Cycles for fiber-level protection in semi-homogeneous homogeneous and optical networks[J]. IEEE network, 2004, 18: 49-56.

[30] GROVER W D, DOUCETTE J. Advances in optical network design with P-Cycle: joint optimization and pre-selection of candidate P-Cycle[C]//Proc. IEEE LEOS Summer Topicals 2002, Mont Tremblant, Québec, Canada, 2002.

[31] ZHANG Z R, ZHONG W D, MUKHERJEE B. A heuristic method for design of survivable WDM networks with P-Cycle[J]. IEEE communications letters, 2004, 8(7): 467.

第4章

面向光层的多链路故障保护技术

网络流量需求的增加，使得光网络呈现宽带化和复杂化两个趋势。单纤承载能力逐渐增大，可到 Pbit/s 甚至更高，使得网络宽带不断增大[1]。多维度可重构光分插复用器（Reconfigurable Optical Add-Drop Multiplexer，ROADM）在网络中的部署[2]，使得网络节点维度升高，拓扑日趋复杂。网络的发展特性，使得网络多链路故障概率增加，导致的损失增大。因此，如何在光层快速、高效地进行保护操作是目前运营商面临的一个重要问题。

4.1 立体化理论背景

目前网络中传送网的保护方案主要针对单故障或共享风险链路组设计的，其缺点是保护方式单一，网络冗余度较高。网络保护技术，历经了由线保护（Linear Protection，LP）到面保护（Planar Protection，PP）的发展过程，而随着网络的发展，即将进入体保护（Solid Protection，SP）的发展方式。

立体化保护是在线保护和面保护的基础上，针对网络多故障保护的需求，提出的一种体保护方案。不同于传统的保护方案，立体化是将平面的网络扩展为三维甚至更高维度的网络结构。在高维的结构体中，根据图论中的 Menger 定理，证明其在多链路故障下依然连通。基于 Menger 定理，在立体化保护体中预留出足够的保护资源来抵抗并发的多链路故障。与传统的保护方式相比，立体化保护可以使用较少的保护资源对任意多故障进行保护，具有较高的保护效率。

4.1.1 多故障保护的背景需求

（1）多故障保护场景

传统的分类中，故障链路的关系可以被风险共享链路组来表示，其指代的是一个可以同时故障的物理资源的集合，例如在同一个光缆或者管道中的多根光纤[3]。从这个定义中，可以看出 SRLG 中故障链路的组合数目是有限的，因为链路之间是相关的，均同时失效。但是，随着网络规模的扩大，网络的关联比以前更加多样化，这就意味着网络链路的组合更多种多样。所有的链路都需要100%的保护。在立体化保护中，主要关注随机选择的多链路故障，即任意的多链路故障，这就包括了 SRLG 故障。由此，随机选择多链路故障根据时间和空间的角度可以分为 4 类。下面以双链路故障为例，对所研究的多故障场景进行详细说明。

从时间的角度，双链路故障可以被分为顺发故障和并发故障。在顺发场景中，第二个故障在第一个故障之后发生，如图 4-1（a）所示。在顺发场景下，f_2 被 f_1 影响。以图 4-1（a）为例，f_1 发生时的保护路径是 v_1-v_8-v_3-v_2。当 f_2 故障时，f_1 的保护链路也需要更改。而并发故障指的是两个链路同时发生，如图 4-1（b）所示。备份路径同时寻找，因此它们可以同时被保护。

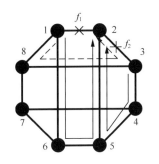 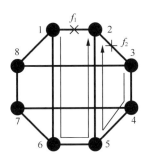 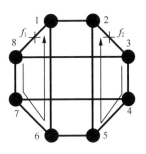

（a）顺发双链路故障　　　（b）并发节点相关双链路故障　　（c）并发节点不相关双链路故障

图 4-1　双链路故障举例

在空间的角度，双故障可以被分为节点相关和节点不相关的双故障。在节点相关的情景下，两条链路均围绕着同一条节点，如图 4-1（b）所示。在这种场景中，为了减少备份链路数目，则优先选择共享备份链路，即链路 e_{25}。而在节点不相关双链路故障中，我们尽力减少备份链路数目，此时这些链路可以共享也可以不共享，如图 4-1（c）所示。而在立体化保护中，针对的是随机并发多链路故障，也就是图 4-1（b）和图 4-1（c）的场景。

（2）多故障保护方案

线保护指的是工作和保护路径为同源同宿端到端的路径，当工作路径发展故障时，受损业务自动利用保护路径进行传输。"1+1""1:1"和"$M:N$"等保护方式都是 LP 实现的典型技术[4,5]。图 4-2 是典型的"1+1"保护技术，图中细线表示工作路径，粗线表示保护路径。图 4-2（a）是针对单故障的"1+1"保护方案，当工作路径发生故障时，可以立即切换到保护路径中去。图 4-2（b）是针对双故障的"1+1"保护方案，当工作路径和某条保护路径发生故障时，两点之间依然有一条路径相连通。从图中可以看出，线保护的特点是保护路径中间节点的度为 2，两端的节点度为 3。用总备份链路数和资源冗余度来评估保护能力[6]。而由于保护路径的长度一般大于工作路径的长度，所以 LP 保护结构有较大的冗余度，资源浪费比较严重。

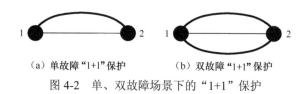

（a）单故障"1+1"保护　　　　（b）双故障"1+1"保护

图 4-2　单、双故障场景下的"1+1"保护

面保护主要是环保护[7,8]，尤其是预置圈保护方案[9,10]。整个保护结构由环上链路和跨接链路（Straddling Link，也称弦）构成，利用圈上的保护路径实施保护。由于整个保护体是在一个环内，与其被保护的链路一起构成一个平面，故称面保护。图 4-3 是典型的预置圈保护示例，图 4-3（a）是一个 8 节点的全连通拓扑图，图 4-3（b）是针对单故障的预置圈保护方法，无论是圈上的链路还是跨接在其他任意两点的链路，都可以被整个圈保护。图 4-3（c）是针对双链路故障的预置圈方案，分别有实线和虚线两个链路不相交的预置圈。从图中可以看出，实线圈上的链路是虚线圈上的跨接链路，而虚线圈上的链路是实线圈上的跨接链路，这两个圈可以相互保护。例如，当实线圈上链路 e_{12} 和 e_{18} 均发生故障时，可以通过虚线圈分别对两条链路进行保护。从图 4-3 可以看出，面保护结构体节点的度均为 2，保护链路数目比工作链路数目少。由于面保护的冗余资源均设置在圈上，不需要针对跨接链路单独配置冗余资源，因此其保护效率比 LP 高[11]。

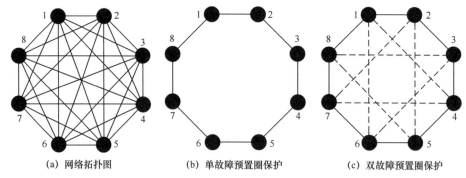

（a）网络拓扑图　　　　（b）单故障预置圈保护　　　　（c）双故障预置圈保护

图 4-3　单、双故障情景下的预置圈

但随着网络的发展，PP 的缺点也日益显现。其中最突出的问题是，在多链路故障场景下，其节点的度较大，例如，在图 4-3（c）中，每个节点的度均为 4。因此，针对多链路的保护方案急需被提出。从 LP 到 PP，我们清楚地看到其核心

要点在于拓扑的封闭性。"环"可以看成是首尾封闭的"线"构成的，线路系统首尾连接形成闭合环路，我们只需要在环周边上设置保护资源，就可以对环上和弦上所有的链路实施保护。例如一个由 8 节点构成的环，其环有 8 条边，而可能连接的组合是 7 ×8/2=28，即只要在环上设置 8 个单位的保护资源，就可以对可能的 28 条链路实施有效的保护，如图 4-4 所示。

在 LP 到 PP 的基础上，我们借鉴超立方体的概念[12,13]，将其扩展到 PP。在面保护情况下，采用预置圈技术，我们可以在 Mesh 拓扑中嵌入很多个圈（或环），利用基于圈的保护规则实现连接端到端的保护。假设把这些圈在空间上封闭起来，每个圈构成一个面，由此产生了新型的体结构。所有体结构单元内的连接，都可以在体结构表面得到重建保护，因此可以节省更多需要配置的保护资源。以 8 节点的立方体结构为例，其 28 条链路都可以用表面上的 12 条边进行双故障保护，如图 4-5 所示。无论拓扑上发生任意双链路故障，网络均在连通状态。而网络中节点的度为 3，使用的链路数目为 12，相比于面保护的预置圈方案（节点度为 4，保护链路数目为 16），效率大大提高。因此 SP 方案可以使用较少的保护链路对拓扑实现多故障的保护。

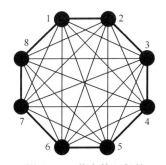

图 4-4　8 节点的环保护

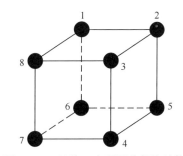

图 4-5　双故障 8 点预置体保护结构

SP 的提出，开阔了光网络生存性的研究视野。在某种程度上说，其为面保护的革命，但包含面保护。面保护是体保护在保护单链路故障的特殊形式。当其面对并发双故障时，SP 中节点的度至少为 3。推而广之，除三维结构体外，随着节点度的增加，还可以构造四维、五维甚至更高维度的结构体，从而能够保护三故障、四故障等。为方便当前研究，我们重点分析节点度为 3，体结构单元是空间立体结构的情况，解决并发双故障的问题。更高维度的 SP 方案，可以在节点度为 3 的基础上，进行有效的扩展[14]。

4.1.2　多故障保护的理论基础

1. k 连通及 Menger 定理

在图论中，网络拓扑的健壮性，指的是当其中的一些边或顶点遭到破坏时，能否保护网络连通性的问题。图的连通性就是这方面的一个度量。当图 G 为非平凡图时，使 G 变成不连通所需去掉最少边数，称为 G 的边连通度（Edge Connectivity）。如果边数值为 k，则称图 G 为 k-边连通（k-edge Connected）。而证明图 k 连通，需要使用 Menger 定理。

Menger 定理[15,16]描述如下。

① 设 A 和 B 为图 G 中任意两个顶点，则 G 中边不重的（A, B）路的最大数目等于 G 中最小 AB 边分隔集的个数。

② G 为 k 边连通的当且仅当 G 中任二个顶点都至少被 k 条边不重的路所连接。

Menger 定理的证明，可以在相关图论的书中找到。而保护体如果保护任意 $k-1$ 条链路故障，则需要证明其满足 k 边连通的性质。

2. 网络冗余度理论

链路可恢复光网状网络冗余资源需求下界冗余资源效率，又称冗余度，由总的冗余资源除以总的工作资源得到[6]。

$\{e_{i1},\cdots,e_{if}\}$ 是故障链路，f 代表故障链路个数，最坏的情况是与节点 i 相连的所有链路都故障。对于节点度数为 d_i 的节点 i，$f<d_i$，否则故障不能被 100% 保护。对于未故障的链路，需要具有足够的冗余资源来承载被故障中断的工作资源的保护倒换。

$$\sum_{1\leq x\leq f} w_{ix} \leq \sum_{\substack{iy\in E_i \\ y\neq 1,\cdots,f}} s_{iy} \tag{4-1}$$

$$\frac{1}{2}|V|fc \leq \sum_{ij\in E} s_{ij} \tag{4-2}$$

$$SCE = \frac{\sum\limits_{ij\in E} s_{ij}}{\sum\limits_{ij\in E} w_{ij}} = \frac{\sum\limits_{ij\in E} s_{ij}}{|E|c - \sum\limits_{ij\in E} s_{ij}} \geq \frac{\frac{1}{2}|V|fc}{|E|c - \frac{1}{2}|V|fc} = \frac{f}{\overline{d}-f} \tag{4-3}$$

其中，E_i 是指向节点 i 的链路集合，$\overline{d}$ 是节点平均度数，c 是每条链路上的光纤容量。在理想情况下，无论节点度数多少，每个节点均承载相同的冗余资源。对所有的节点利用式（4-1）求和，我们得到式（4-2）。最后，我们得到多链路故障下，冗余资源效率（SCE）的下界，见式（4-3）。

k 正则 k 边连通保护结构体的冗余资源效率上界如下。

从一个 N 个节点的 k 正则 k 边连通的保护结构体中抽出保护结构所用链路数量可以用式（4-4）来估算。

$$\overline{E} = kN/2 + [C_N^2 - kN/2]kp_e \tag{4-4}$$

$$p_e = \frac{\overline{d}N^*/2 - kN/2}{C_{N^*}^2 - kN/2} \qquad (4\text{-}5)$$

其中，N^*是网络的节点总数，$\overline{E}$是链路的期望。$kN/2$是保护结构体的边数，P_e是任意两点间链路被用来作为保护的概率。它可以通过式（4-5）来求得，其中平均节点度数为$\overline{d}$，$k=f+1$表示跨接链路上最大的工作资源是保护结构体上链路冗余资源的$f+1$倍。通过式（4-4）和式（4-5）可以得出式（4-6）。

$$\lim_{N \to N^*} SCM = \frac{fkN/2}{\overline{E}} = \frac{f}{\overline{d} - f} \qquad (4\text{-}6)$$

因为它达到了链路可恢复的网状网络的冗余资源效率下界，k 正则 k 边连通的保护结构体是抵御多链路故障的最优保护结构。

4.2　针对多链路故障的 P-Poly 算法

4.2.1　P-Poly 的基本概念

k 正则且 k（边）连通，顾名思义，就是符合两个条件。

① 结构体中每个节点有 k 个边相连；

② 删去任何 $k-1$ 边，结构体依然连通。

预置多项式（Pre-configured Polyhedron，P-Poly）保护结构就是使用若干个 k 正则 k 边连通子图来构造成一个保护体。拓扑中，所有在 P-Poly 上的链路都可称为体上链路，而其他链路称为跨接链路[17,18]。P-Poly 具有 k 正则 k 边连通结构体的优点如下。

① 较好的冗余效率；

② 多故障下较高的健壮性；

③ 抵御顺发和并发双故障能力。

4.2.2　P-Poly 的构造方法

1. 理论构造方法

该方法由 Mader 于 1972 年提出[19]，主要思想是将一个圈延伸到一个 k 边连通图。

① 当且仅当 $n, l_1, l_2, \cdots l_k$ 的最大公约数为 1，即 $\gcd(n, l_1, l_2, \cdots, l_k) = 1$ 时，具有 n 个节点，节点度数为 k，链路从点 i 到点 $i+l_j$ 的循环图 $\mathrm{Cn}(l_1, l_2, \cdots, l_k)$ 是连通的。如

果 2 个编号为 x 和 y 的节点相邻，那么每个编号为 z 和 $(z-x+y)$ 模 n 的节点也相邻。

② 每个相连点对称（点传递）图具有 k 边连通的性质。

P-Poly 应该遵循如下步骤进行构造。在物理拓扑上找到一个圈后，选择特定的链路或者路径，然后把它加入圈中形成一个循环图。最终得到的节点对间隔为 $l_j\left(l_j \leqslant \lfloor |V|/2-1 \rfloor\right)$ 个节点。如果对于每个节点对增加的链路或者路径的个数为 $(k-2)$，这个循环图就是 k 正则 k 边连通图保护结构体。

2. 启发式的构建方法[20]

基于 Mader 定理的构造方法只适应于小型保护体的生成。针对构建大的 P-Poly 所需的更高连通度所带来长保护路径问题和高计算复杂度问题，该方法是不易操作的。因此，构造 P-Poly 的算法分解为图形抽象和再修补两个子步骤。

步骤 1：图形分解方法。如图 4-6（a）所示，把预配置多面体分解为多个小的结构体，再把每个小的 P-Poly 抽象为一个节点，作为其他保护结构体的一部分。这样有助于在当链路故障没有办法在子预配置结构体中保护的情况下，为属于单个结构体中的链路提供进一步的链路保护。而且该方法能有效降低计算复杂度。

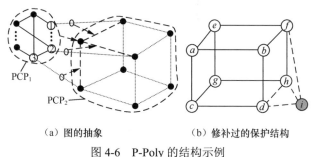

（a）图的抽象　　　　　　（b）修补过的保护结构

图 4-6　P-Poly 的结构示例

步骤 2：再修补方法。鉴于 k 正则 k 边连通图的保护结构体不是总会存在，我们采用再修补法调整保护结构体。为了解决此问题，链路不相交的倒换路径可以作为候补路径。如图 4-6（b）所示，为了形成 8 个点 3 正则 3 边连通的保护结构体，路径 d–i–h 被用来连接 d 和 h。为了给链路 d–i 和 h–i 提供相同的生存性，i 与此结构体中的其他节点都连接。

具体启发式算法如下。

① 为网络拓扑找到一个最高连通的 k 正则 k 边连通子图和最长的汉密尔顿圈。

② 构建 P-Poly 保护结构体：在汉密尔顿圈基础上逐渐加链路或路径，再进行矫正，在该 P-Poly 保护结构上标出体上和跨接链路。

③ 抽象子图。

④ 返回步骤①。

重复这些步骤直到所有的链路都被标记，即所有物理链路都被保护。特别地，聚类系数被用来评估子图连通性。对于给定的物理拓扑，式（4-7）表示了它的邻接矩阵 a_{ij}、本地聚类系数 cci、用来展示 n_i 和与它相邻的节点的连通性的 $sum_{cc}(ni)$ 之间的关系。

$$\begin{vmatrix} a_{12} & \cdots & a_{1|N|} \\ \vdots & a_{ij} & \vdots \\ a_{|N|} & \cdots & a_{|N||N|} \end{vmatrix} \cdot \begin{vmatrix} cc_1 \\ \vdots \\ cc_{|N|} \end{vmatrix} = \begin{vmatrix} sum_{cc}(n_1) \\ \vdots \\ sum_{cc}(n_{|N|}) \end{vmatrix} \tag{4-7}$$

图中一个节点的本地聚类系数，量化了它的邻居节点间的距离，定义为团（完全图）。由邻居节点间的链路比例除以它们之间可能存在的链路数目。

预配置保护多面体构造算法见表 4-1。

表 4-1　P-Poly 构造算法伪代码

输入：物理拓扑的临接矩阵 $\{a_{ij}\}$；β 是 PCP 结构体用来限制大小的参数；λ 是 cc_i 的权重系数；$\overline{w}$；γ 是与 k 有关的系数；

输出：Polyhedron 保护结构体

1:　通过 $cc_i{}^* = \lambda cc_i + sum_{cc}(n_i)$ 进行排序；$E^* = \varnothing$；$N^* = \varnothing$；
2:　**while** $E^* \neq E$ **do**
3:　　　**for** 节点 n_i 具有最大的 $cc_i{}^*$ **do**
4:　　　　$N^* = N^* \bigcup n_i$
5:　　　**for** 每个 n_j with a_{ij} or $a_{ji} = 1$ **do**
6:　　　　　$N^* = N^* \bigcup n_j$
7:　　　　**for** n_k with a_{jk} or $a_{kj} = 1$ **do**
8:　　　　　　$N^* = N^* \bigcup n_k$
9:　　　　　**for** $|N^*| < \beta |N|$ **do**
10:　　　　　　**for** 每个 $n_x \in \overline{N}^*$ **do**
11:　　　　　　　**for** 每个 $n_y \in N^*$ **do**
12:　　　　　　　　$w_x = \sum a_{xy}$
13:　　　　　　　**end for**
14:　　　　　　**if** $w_x > w$ **then**
15:　　　　　　　$n = n_x$, $w = w_x$
16:　　　　　　**end if**
17:　　　　　**end for**
18:　　　　**if** $w_x < \overline{w}$ **then**
19:　　　　　**continue**
20:　　　　**else**
21:　　　　　$N^* = N^* \bigcup n_x$

（续表）

22:               **end if**

23:              **end for**

24:           **end for**

25:        **end for**

26: **end for**

27: 在子图 G^* 中，$n \in N^*$，找到最长的哈密尔顿圈 $G^{\dagger}(N^{\dagger}, E^{\dagger})$ 以及其相邻的链路；

28: 构造结构体 $\gamma \leqslant \lfloor |N^{\dagger}|/2 - 1 \rfloor$；

29: $E^* = E^{\dagger} \cup \{e_{ij} \text{ and } e_{ji}|a_{ij} \text{ or } a_{ji} = 1, \text{ where } i, j \in N^{\dagger}\}$

30: 抽象子图；

31: 转到步骤 2；

32: **end while**.

3. 冗余资源分配算法

保护结构体构造完成后，我们需要对满足特定故障保护概率所需的冗余资源进行量化。k 正则 k 边连通的 P-Poly 中点和边的对称性使得用链路冗余度来式化故障保护概率变为可行。此外，它还跟保护结构体的节点数量和链路故障概率有关。

链路故障概率 p_l，任意 f 个链路故障的概率为 $P(f)$，F 为所有可能的 f 的集合，在 $|E|$ 条链路中有 f 条链路故障的组合为 $C_{|E|}^f$，$C_{|E|}^f$ 中不能保护的故障组合为 $\overline{R_f}$，在所有故障可能下归一化 $P(f)$ 得到 $P_n(f)$，任意 f 链路故障的保护概率为 $P_r(f)$。对于 $G(N, E)$ 的网络，可得

$$P(f) = C_{|E|}^f (p_l)^f (1 - p_l)^{|E| - f}, \quad 0 \leqslant f \leqslant |E| - |N| + 1$$

$$P_n(f) = \frac{P(f)}{\sum\limits_{x \in F} P(x)} \tag{4-8}$$

$$P_r(f) = \frac{C_{|E|}^f - \overline{R_f}}{C_{|E|}^f}$$

链路冗余度（LSR, α）为保护结构体每条链路分配的冗余资源与该链路上工作资源之比。故障保护概率与冗余资源效率、故障组合和链路故障概率紧密相关。对于具有相同连通性为 k 的 P-Poly，大规模的保护结构体能更高效地保护链路故障。对于相同规模的 P-Poly，适当的连通性可以得到更高的冗余资源效率。

故障保护概率可以用链路冗余度来表示。

$$FRP(\alpha) = P_n(1)FRP_1(\alpha) + \cdots + P_n(f)FRP_f(\alpha) \tag{4-9}$$

其中，$FRP(\alpha)$ 是对于任意 f 个链路故障下，故障保护概率与链路冗余度直接的关系函数，详见式（4-10）。

$$FRP_f = P_r(f) \begin{cases} \dfrac{\alpha(k-f)}{f}, & f < k \\[2mm] \dfrac{\alpha(2k-2-f)}{f}, & k \leqslant f \leqslant 2k-3 \\[2mm] \dfrac{\alpha}{f}, & 2k-3 < f \leqslant \left\lfloor (\dfrac{2}{k}-1)|N|+1 \right\rfloor \\[2mm] 0, & f > \left\lfloor (\dfrac{k}{2}-1)|N|+1 \right\rfloor \end{cases}, \quad k \geqslant 3 \qquad (4\text{-}10)$$

4.2.3　P-Poly 的保护方法

故障发生后，传统的 APS 只是把业务导向相反的方向适用于环保护，而基于预配置保护体的新的协议是把业务导向多个不同的路由。而且预配置保护体可以抵御多个故障，会造成资源争抢问题。一种贪婪算法可以用来实现光广播业务从源点经过多条可靠的体上链路到宿点，它同样具有和 APS 相同的时间复杂度。这就需要光网络节点具有分光和波长变换功能的 ROADM 的实现光广播的原件。

一种备选方案是根据本地预配置保护结构体的连通性和冗余资源的利用率信息动态选择路径。在冗余资源充分的条件下，该方法可以提高资源利用率和充分的保护能力。而且该方法的保护路径计算比动态保护方法的计算复杂度要简单很多。

更具体地，多链路故障包括连续发生的故障和同时发生的故障。对于连续发生的故障，对每个故障利用 Dijkstra 算法计算最短可用路径。现在故障的保护路径可能被下一个发生的故障所影响，由于缺乏资源而造成保护不成功。对于同时发生的故障，图 4-7 的算法可以实现高冗余资源利用率和高的保护率。在此算法中，最短保护路径是最优的候选项。如果一些体上链路的冗余资源的需求高于资源的分配，继续迭代备选路径直到所有路径不存在。

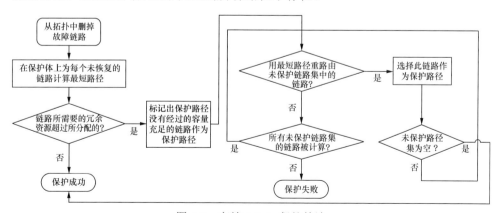

图 4-7　高效 P-Poly 保护算法

4.2.4　P-Poly 的效率分析

1. 冗余资源消耗

表 4-2 对比了在链路故障概率为 $p_l=0.01$ 条件下，P-Cycle、子图（Subgraph）和 P-Poly 为了抵御多重并发故障（Simul.）和连续故障（Seq.）需要的空闲资源数目。可以得到如下结论。

① 无论是并发还是顺发双故障，相比于其他两种模式，P-Poly 具有更好的资源利用率，即在同等保护能力下，采用 P-Poly 方法需要的冗余资源最少。

② 在大规模的物理拓扑下，P-Poly 可以节省大量的冗余资源。例如，对于 80 个节点的网络它可以节省 25%，对于 140 节点的网络拓扑它可以节省 36%。然而子图方法最多只能节省 11%～14%。

③ 相比于顺发故障，并发故障需要更多的冗余资源。这是因为并发故障是所有的故障一起发生，需要一起保护。而顺发故障可以先保护一个故障，再去保护另一个故障。

我们也能够从表 4-3 得到相同的结论。另外，我们仍能得出更高的保护率需求和链路故障概率会消耗更多的冗余资源。但是在此情况下，P-Poly 可以节省更多的冗余资源需求。

表 4-2　几种保护方式在不同规模物理拓扑下所需冗余资源

大小 策略	80		100		120		140	
	并发	顺发	并发	顺发	并发	顺发	并发	顺发
P-Poly	182（25%）	216（21%）	210	252	244	288	302（36%）	378（34%）
P-Cycle	244	274	304	336	372	426	470	574
子图	217（11%）	240（12%）	260	288	316	370	404（14%）	494（14%）

表 4-3　几种保护方式在 COST239 下所需冗余资源

保护率 策略	$p_l=0.01$				$p_l=0.05$			
	>85%		>90%		>85%		>90%	
	并发	顺发	并发	顺发	并发	顺发	并发	顺发
P-Poly	31（16%）	36（14%）	39（17%）	45（18%）	34（16%）	39（19%）	45（19%）	53（21%）
P-Cycle	37	42	48	55	41	49	56	68
子图	33（9%）	37（10%）	44（8%）	50（9%）	35（13%）	43（12%）	50（11%）	59（12%）

2. 恢复能力

SCE 反映了各个保护结构体的恢复能力。如图 4-8 所示，随着冗余资源的增多，所有保护方法的保护成功率（Recov. Rate）会大幅增加。相比于 P-Cycle 和子图，共享冗余资源的 P-Poly 能够分别实现最多 40%和 30%的保护成功率。

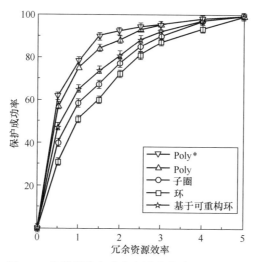

图 4-8　几种保护方式在多链路故障下的保护率

此外，为了达到相同的保护成功率，高链路故障概率的网络会消耗更多的冗余资源。如图 4-9 所示，随着故障概率的迅速增长，保护成功率大幅下降。链路故障概率越大，达到相同保护成功率所用的冗余资源越多。

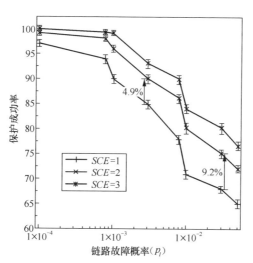

图 4-9　不同链路故障概率下 PCP 的保护率

3．平均保护路径长度

显然地，P-Cycle 和子图保护需要更长的保护路径，这必然导致更多的冗余资源消耗和更长的保护时间。在多重故障下，P-Poly 方法利用网状的保护结构体提供了高连通性。因此，本小节着重讨论各个策略的平均保护路径长度，并且讨论全局聚合系数（GCC）和拓扑大小的规模对平均保护路径长度的影响。

图 4-10 展示了随着 GCC 的增大，所有方法的平均保护路径长度（ARPL）都在降低。其原因是 GCC 的增加提高了拓扑连通度。

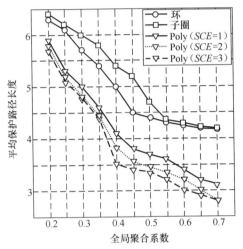

图 4-10　全局聚合系数对 ARPL 的影响

如图 4-11 所示，当 GCC=0.4 时，网络拓扑规模越大，保护路径越长。P-Poly 的平均保护路径长度随着拓扑规模增长缓慢，而其他两种策略的平均保护路径长度随着拓扑规模增长明显。这是因为 P-Poly 结构体能够在故障发生后提供多条路径选择，而且通常提供的是最短的保护路径。

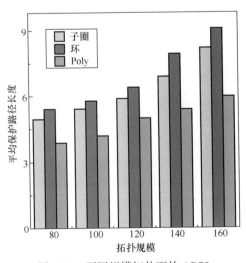

图 4-11　不同规模拓扑下的 ARPL

图 4-12 表示了对于不同的链路故障，120 个节点的拓扑网络 P-Poly 结构体中每个子 P-Poly 结构体的 k 分布。一般地，当链路故障概率越高，子 P-Poly 结构体需要更大的 k。这是因为，为了达到特定的保护成功率，更高的 k 值能够提高 P-Poly 结构体地域多链路故障的生存性。

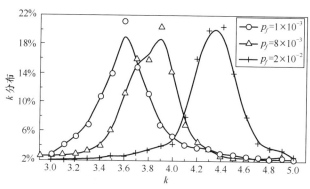

图 4-12　不同链路故障概率下 P-Poly 结构体 k 值分布

表 4-4 表示了不同规模的拓扑下 P-Poly 的平均 k 值。

表 4-4　不同规模拓扑下的平均 k 值

规模 GCC	80	120	160
0.2	3.3	3.5	3.6
0.3	3.5	3.8	4
0.4	3.6	4	4.2
0.5	3.7	4.1	4.2
0.6	3.8	4.3	4.5

4.3　预置柱算法

在体保护的基础上，我们首先提出一种针对双链路故障的预置柱结构[21,22]。

4.3.1　预置柱的基本概念

预置柱（Pre-configured Prism，P-Prism）结构体由两个节点不相交的圈组成，每个圈分别作为保护结构体的顶面和底面。网络中每个节点都只位于一个圈上，并与另一个圈通过至少一条链路连接。图 4-8 是一个 8 节点 P-Prism 结构的例子。在图 4-8（b）中，节点 v_1、v_2、v_3 和 v_8 属于圈 1，节点 v_4、v_5、v_6 和 v_7 属于圈 2，中间由 4 条虚线相连接。保护体的结构正如具有两个面的棱柱，因而称为预置柱结构。图 4-13（a）是预置柱在平面拓扑中的样式，图 4-13（b）是预置柱的标准结构。

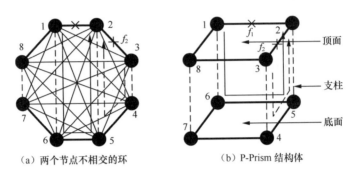

（a）两个节点不相交的环　　　（b）P-Prism 结构体

图 4-13　P-Prism 概念

预置柱中的链路分为 3 类：圈上链路（Cycle Link，CL）属于圈上的边，如图 4-13 中的粗实线；支柱链路（Prism Link，PL）是连接两个圈中节点的链路，如图 4-13 中的虚线；跨接链路（Straddling Link，SL），是余下的链路，如图 4-13（a）中的细实线。其中，CL 和 PL 都是预置柱上的构造链路，在其上分配工作和保护资源；而 SL 不构成结构体，只分配工作资源。当双链路故障发生时，预置柱可以通过结构体上的 CP 和 PL 对失效业务进行恢复。

由于网络结构的复杂性，并不是所有的拓扑都可以构成标准的预置柱，因此将其归结为 3 种类型。图 4-14（a）为正则预置柱，其每个节点仅具有一个 PL，且 PL 按次序连接在两个圈的点上。图 4-14（b）是链路交叉预置柱，与正则预置柱不同，其 PL 的连接是无序的，例如链路 e_{35} 和 e_{24} 出现了交叉。图 4-14（c）是不对称预置柱，其两个面中节点的数目不同，部分节点有两个或者以上的 PL 连接，如顶面上的节点 v_3 分别使用 PL 链路 e_{34} 和 e_{39} 与底面的 v_4 和 v_9 相连。

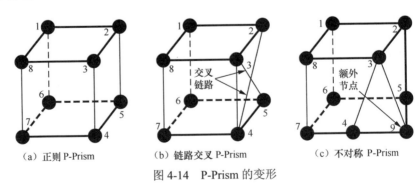

（a）正则 P-Prism　　　（b）链路交叉 P-Prism　　　（c）不对称 P-Prism

图 4-14　P-Prism 的变形

4.3.2 预置柱的构造方法

在本论文中，利用 ILP 在网络中构造预置柱，其内容如下。

（1）符号和变量

H：正整数符号，表示链路类型，其中，0、1、2 分别表示圈 1、圈 2 和跨接链路，$h \in \{1, 2, \cdots, H\}$。

x_{ij}^h：二值变量。链路 e_{ij} 的类型为 h 时为 1，否则为 0。

y_i^h：二值变量。当节点 v_i 属于圈 h（$h = 1$ 或 2）时为 1，否则为 0。

（2）目标

构造预置柱时，使用的链路数目最少。

$$\min \sum_{h \in H} \sum_{(i,j) \in E} x_{ij}^h \tag{4-11}$$

（3）约束条件

预置柱的构造条件分为 3 个部分。

第一部分，确定点的位置和链路类型。式（4-12）表示每个节点只能属于一个圈；式（4-13）表示每条链路只能有一种类型；式（4-14）表示圈链路上的两个节点必须在同一个圈上。

$$\sum_{h \in (H-1)} y_i^h = 1, \quad \forall i \in V \tag{4-12}$$

$$\sum_{h \in H} (x_{ij}^h + x_{ji}^h) \leqslant 1, \quad \forall (i,j) \in E \tag{4-13}$$

$$y_i^h + y_j^h \geqslant 2(x_{ij}^h + x_{ji}^h), \quad \forall (i,j) \in E, \ \forall h \in H-1 \tag{4-14}$$

第二部分，构建两个节点不相交的圈。圈有两种：简单圈和非简单圈[23]。在简单圈中，一个节点最多遍历一次；在非简单圈中，一个节点可以被遍历多次。本论文考虑使用矢量的办法，利用简单圈构造保护柱。式（4-15）表明在圈中到达节点 j 的链路矢量有且仅只有一个，式（4-16）表明从节点 i 出发的链路矢量有且仅有一个，满足流量守恒定律，式（4-17）表明保护体上的链路只有一个类型。

$$\sum_{h \in H-1} \sum_{i \in V} x_{ij}^h = 1, \quad \forall j \in V \tag{4-15}$$

$$\sum_{h \in H-1} \sum_{j \in V} x_{ij}^h = 1, \quad \forall i \in V \tag{4-16}$$

$$x_{ij}^h + x_{ji}^h \leqslant 1, \quad \forall (i,j) \in L, \quad \forall h \in H \tag{4-17}$$

第三部分，支柱链路 PL 约束。式（4-18）表示 PL 的两个端点分别在不同的圈上；约束条件式（4-19）表示每一个节点至少有一条 PL。

$$|y_i^h - y_j^h| \geqslant x_{ij}^3 + x_{ji}^3, \quad \forall (i,j) \in E, \quad \forall h \in H-1 \tag{4-18}$$

$$\sum_{j \in V} (x_{ij}^3 + x_{ji}^3) \geqslant 1, \quad \forall i \in V \tag{4-19}$$

通过以上建模，即可在拓扑中，构造出预置柱结构。

4.3.3 预置柱的保护方法

在预置柱中，保护资源随着保护目的变化，通常情况下有两种分配方式。一个是 Prism_1，保护链路上的保护资源与工作资源带宽相等；另一个是 Prism_2，保护资源是工作资源的两倍。图 4-15（a）和图 4-15（b）表示节点的相关双故障，粗实线表示的是 SL，细实线表示 CL 和 PL。当两个体上链路故障时，如图 4-15（a）所示，Prism_1 只能保护一条链路上的资源（即 50%），而 Prism_2 可以 100% 的保护；当至多一条体上的链路故障时，如图 4-15（b）所示，Prism_1 和 Prism_2 均可以做到 100% 的恢复。图 4-15（c）表示链路相关双故障，即两个故障都在同一个圈上时，均可以通过跨接链路进行保护。

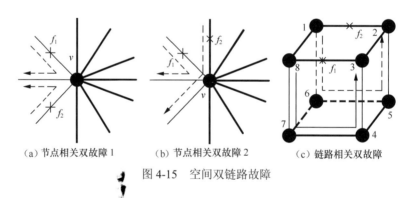

（a）节点相关双故障 1　　（b）节点相关双故障 2　　（c）链路相关双故障

图 4-15　空间双链路故障

在预置柱保护结构和资源分配的基础上，提出柱上保护路由算法（Prism Protection Routing Algorithm，PPRA），用来快速在预置柱上找到故障链路的保护路径。首先定义映射概念，即圈上节点通过 PL 映射到另一个圈，如图 4-15（a）中，v_1 通过链路 e_{16} 映射到 v_6。而不对称预置柱中，随机选择 PL 来实现映射。PPRA 的思想是，尽力使用一个圈进行保护；如果失败，则映射到另一个圈中寻路。其伪代码见表 4-5。

表 4-5　柱上保护路由算法

输入：$G(V, E)$ 为网络拓扑，$F(f_1, f_2)$ 为故障集合。

输出：$P(p_1, p_2)$ 为故障 F 的保护路径。

1：找到故障链路 e_{f1} 和 e_{f2} 的位置。

2：如果 e_{f1} 和 e_{f2} 是预置柱 Prism_1 保护结构中节点相关的保护体上链路，则 e_{f1} 映射到一个环上去保护，另一个 e_{f1} 失效。则返回 cycle$_1$ 到 p_1，null 到 p_2。

3：如果 e_{f1} 和 e_{f2} 在不同的环上，则分别在各自的环上寻找 p_1 和 p_2 的保护路径。

4：如果 e_{f1} 在 cycle$_1$，而 e_{f2} 是 PL，则在 cycle$_1$ 找出 p_1；并将 e_{f2} 映射到 cycle$_2$ 找到 p_2。

5：如果 e_{f1} 和 e_{f2} 都是 PLs，则分别映射 e_{f1} 和 e_{f2} 到 cycle$_1$ 和 cycle$_2$，然后在 cycle$_1$ 和 cycle$_2$ 上寻找 p_1 和 p_2。

对于每条故障链路，需要寻找两个链路不相交的路径。因此，最坏的方案是双链路都需要 2×2 次找到备份链路。假设每次计算最大的时间消耗是 h，则 PPRA 的复杂度为 $O(4h)$。这个启发式算法可以保证程序在多项式时间内完成，因此它可以应用于大规模网络。

4.4　预置球算法

在体保护的基础上，我们首先提出一种针对双链路故障的预置球（Pre-configured Ball，P-Ball）保护结构[24,25]。

4.4.1　预置球的基本概念

预置球是环网保护方法的扩展，在此分别对环和预置球进行定义。

定义 4-1：环 $r(V_r, E_r)$ 是图 $G(V, E)$ 的一个子集，其中 $V_r \subseteq V$，$E_r \subseteq E$。r 是一个连通图，每个节点的度为 2。

定义 4-2：预置球是图 $G(V, E)$ 的一个子集 $\Phi(V_b, E_b)$，它包含了环的集合 R。预置球保护结构体有如下特点：① V_b 等于 V，且 V_b 中的每个顶点都被 R 中至少 3 个不同的环共享；② E_b 为 E 的一个子集，且 E_b 中的每条链路都被 R 中至少两个不同的环共享；③ R 中任意两个环 r_i 和 r_j 至多有一个公共链路。具体如图 4-16 所示。

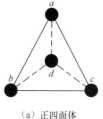 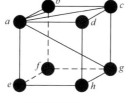

　（a）正四面体　　　　　　　（b）正六面体　　　　　　（c）球体

图 4-16　预置球的定义

定理 4-1：预置球上的任意两个节点之间至少有 3 条互不相交的路径。

推论 4-1：预置球结构体的链路至少有两条互不相交的备份路径。

推论 4-2：预置球结构体上的跨接链路至少有 3 条互不相交的备份路径。

证明：定理 4-1 的充分必要条件是推论 4-1 和推论 4-2。从定义 4-2 中的特点②可以得出，若预置球结构体上的链路发生故障，它可被与其共享链路的两个环保护。在特点①中，若预置球结构体的跨接链路发生故障，它可被 3 个互不相交的环保护。以图 4-16（b）为例，体上链路 e_{ab} 的备用路径是 v_a-v_d-v_c-v_b 和 v_a-v_e-v_f-v_b，而跨接链路 e_{ac} 的备用路径是 v-v_b-v_c、v_a-v_d-v_c 和 v_a-v_e-v_h-v_g-v_c。

定理 4-2：在相同的网格网络中，预置球的备用链路要少于预置圈的备用链路。

证明：从定义 4-2 中的特点①可以得出预置球的极限节点度是 3，而在预置圈的保护方法，可以用两个互不相交的环来保护任意两条故障链路，因此其极限的节点度为 4。所以预置球的链路总数为 $|E_b|= 3|V|/2$，小于预置圈的 $|E_c|= 4|V|/2 = 2|V|$。

综上所述，可以得出结论：预置球可以用比预置圈更少的备用链路实现保护任意双链路故障。

4.4.2　预置球的构造方法

基于预置球的概念，本文提出一种整数线性规划方法来构造预置球。

（1）符号及变量

J：解决方案中允许的最大环数，其中 i, j 是环的编号 $i, j \in \{1, 2, \cdots, J-1\}$。

M：一个极大数，例如 10^{10}。

e_{uv}^{j}：二元变量。若 $u \to v$ 是环上的一个矢量则为 1，否则为 0。

x_{uv}：二元变量。若 $u \to v$ 是预置球上的一个矢量则为 1，否则为 0。

（2）目标

构造预置球时，使用的链路数目最少。

$$\min \sum_{(u,v) \in E} x_{uv} \tag{4-20}$$

（3）约束条件

预置球的构造也可分为 3 个部分，其第一部分是构造预置球中的环。式（4-21）表示每个节点至少属于 3 个环；式（4-22）表示每条链路至少属于两个环；式（4-23）表示每条链路只被它属于的环使用一次；式（4-24）表示任意两个环的公共链路不超过一条。

$$\sum_{(u,v) \in E} x_{uv} \geqslant 3, \quad \forall u \in V \tag{4-21}$$

$$\sum_{j \in J} (e_{uv}^j + e_{vu}^j) \geqslant 2x_{uv}, \quad \forall (u,v) \in E \tag{4-22}$$

$$e_{uv}^j + e_{vu}^j \leqslant 1, \quad \forall j \in J, \ (u \to v) \in E \tag{4-23}$$

$$e_{uv}^i + e_{vu}^i + e_{uv}^j + e_{vu}^j + e_{pq}^i + e_{qp}^i + e_{pq}^j + e_{qp}^j \leqslant 3, \tag{4-24}$$
$$\forall i,j \in J, \ i \neq j, \ (u,v),(p,q) \in E, \ (u,v) \neq (p,q)$$

第二部分约束使用环来构造预置球。式（4-25）表示链路矢量只能沿环 r_j 上的链路传输；式（4-26）表示 r_j 上的每条链路只能使用一次。

$$\sum_{(u,v) \in E} e_{uv}^j = \sum_{(w,u) \in E} e_{wu}^j, \quad \forall j \in J, \ u \in V \tag{4-25}$$

$$\sum_{(u,v) \in E} e_{uv}^j \leqslant 1, \quad \forall j \in J, \ v \in V \tag{4-26}$$

第三部分寻找预置球上的链路总数，式（4-27）确保每个链路仅被计数一次。

$$\sum_{j \in J} (e_{uv}^j + e_{vu}^j) / M \leqslant x_{uv} \leqslant \sum_{j \in J} (e_{uv}^j + e_{vu}^j), \quad \forall u \to v \in E \tag{4-27}$$

4.4.3　预置球的保护方法

与预置柱一样，预置球的保护资源预留方式也分为两种：第一种是 Ball_1，其保护链路上的保护资源与工作资源相等；第二种是 Ball_2，其保护资源是工作资源的两倍。图 4-17 中实线表示工作资源，虚线表示保护资源。

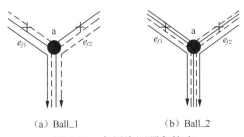

（a）Ball_1　　　　　（b）Ball_2

图 4-17　备用资源预留策略

针对预置球结构特点，提出球上保护路由算法（Ball Protection Routing Algorithm，BPRA）。其基本思想是，先找到源节点和目的节点之间的环，然后在环内用预置圈协议来寻找保护路径。该算法的伪代码见表 4-6。假设同一个预置球内存在 n 个环，在最坏的情况下，将有 $n-1$ 个环都不满足条件，则其保护路由算法的复杂度为 $O(n-1)$。

表 4-6 球上保护路由算法

输入：$G(V, E)$为物理拓扑，$F(e_{f1}, e_{f2})$为故障集合。

输出：$P(p_1, p_2)$为故障 F 的保护路径。

1： **if** e_{f1} 和 e_{f2} 是节点相关的球上链路，且 P-Ball 资源分配是 Ball_1

2： $F = F - e_{f1}$

3： $p_1 = null$

4： **end if**

5： **for** 所有 $e_f \in F$

6：   找出故障链路 e_f 的源宿节点 n_s 和 n_d

7：   临时节点 $n_t = n_s$，$n_t \rightarrow p_i$

8：   **while** $(n_t != n_d)$

9：   找到节点 n_s 所在的环至环集合 R_f

10：   **for** 所有 $r_i \in R_f$

11：   **if** n_d 在环 r_i 中

12： $p_i = p_i +$节点 n_t 和 n_d 间 r_i 上的最短路径边

13： $n_t = n_d$

14：   转至步骤 19

15：   **end if**

16：   **end for**

17： $n_t = n_t$ 节点周围最近的节点

18：   **end while**

19： **end for**

20： **return** $P(p_1, p_2)$

4.5 仿真结果分析

4.5.1 构造效率分析

在本节中，使用 COST239 和 SmallNet 拓扑来构建预置柱和预置球模型，并且与预置圈[24]和三连通方案[25]做对比。预置圈方案中，需要在拓扑中找到两条链路不相交的圈；三连通方案指利用整数线性规划，在拓扑中寻找最少链路的三连通图，所得到的结果即是链路数目最小的优化方案。

　　图 4-18（a）～图 4-18（d）是 COST239 在预置圈、预置柱、预置球和三连通结构下的链路组成。在预置圈结构中，虚线和细实线表示两个链路不相交的预置圈；在预置柱结构中，细实线表示顶面链路，粗虚线表示底面链路，细虚线表示跨接链路，粗实线表示工作链路；在预置球结构三连通结构中，细实线表示保护链路，粗实线表示工作链路。图 4-19（a）～图 4-19（c）表示 SmallNet 在预置柱、预置球和三连通结构下的链路组成。由仿真结果可知，SmallNet 不能构成两个链路不相交的预置圈保护结构，因为其节点 v_3 和 v_9 等节点的度数为 3，无法设计出预置圈保护结构。图 4-18（e）～图 4-18（h）和图 4-19（d）～图 4-19（f）是各种结构的标准形式。COST239 构造了一个既交叉又不对称的预置柱，SmallNet 构造了一个不对称预置柱；COST23 构造有 9 个面的保护球，而 SmallNet 构造了 7 个面的保护球；COST239 和 SmallNet 构成的三连通结构。

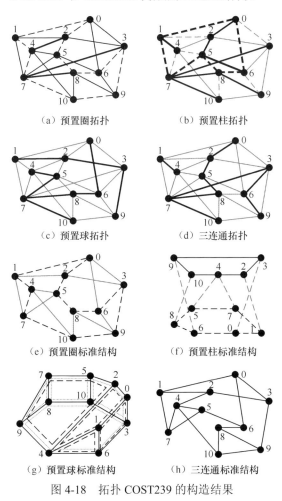

（a）预置圈拓扑　　　　　　　　（b）预置柱拓扑

（c）预置球拓扑　　　　　　　　（d）三连通拓扑

（e）预置圈标准结构　　　　　　（f）预置柱标准结构

（g）预置球标准结构　　　　　　（h）三连通标准结构

图 4-18　拓扑 COST239 的构造结果

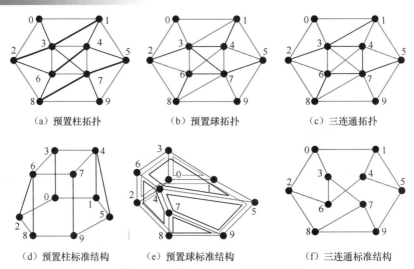

（a）预置柱拓扑　　　　（b）预置球拓扑　　　　（c）三连通拓扑

（d）预置柱标准结构　　（e）预置球标准结构　　（f）三连通标准结构

图 4-19　拓扑 SmallNet 的构造结果

图 4-20 表示保护体上链路的数目，8 节点全连通图中，预置圈使用了 16 条链路，其他 3 种结构使用 8 条链路；COST239 中，预置圈使用了 22 条链路，其他 3 种结构使用了 17 条链路；SmallNet 拓扑中，无法构成预置圈，而预置柱结构使用了 16 条链路，预置球和三连通结构中，都使用了 15 条链路。从拓扑结果中可以看出，预置圈对拓扑的要求较高，需要节点维度为 4 甚至以上，而预置球和预置柱对节点的维度要求为 3，它们的结果都接近于最佳的三连通标准结构，其中预置球的结果更优一些。

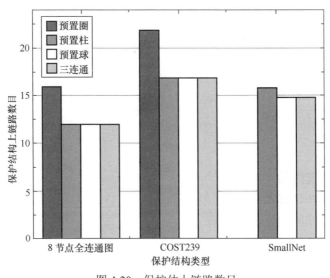

图 4-20　保护体上链路数目

　　预置柱和预置球都是预置环的扩展，而在环上的链路可以迅速地被环进行保护，其结果在图 4-21 中显示。其中预置柱的比例为 40%～60%，预置球上的比例超过 80%甚至到 90%，这表示在相同的拓扑中，预置球上的链路更多在环上，能够受到更多的利用环保护。

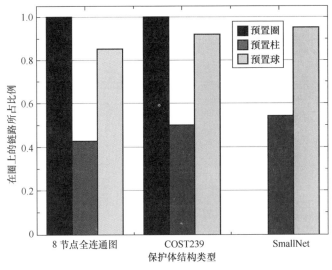

图 4-21　环上链路与总链路之比

4.5.2　保护效率分析

　　为了尽一步验证保护结构的保护特性，下面在 COST239 和 SmallNet 拓扑中使用动态仿真进行验证。仿真环境是弹性光网络，受到频谱一致性和频谱连续性约束，网络的带宽是 200 个时隙，每个业务请求的带宽在 10 到 20 个时隙之间随机分布，每两个业务之间有 1 个时隙的保护带宽。故障的类型设置为节点相关和随机选择双故障。保护路径跳数和保护成功率来验证预置柱、预置球和三连通图的保护效率，其中三连通图以最短路径来表示网络的保护路径选择方案。

　　保护路径的平均保护跳数如图 4-22 所示。从图 4-22（a）和图 4-22（b）可以看出，预置圈的跳数远高于预置柱、预置球和三连通等结构体，这是因为预置圈的方法在链路故障时，由于其圈的长度较大，因而保护路径需要的跳数较长，而预置球和预置柱中，网络保护路径中圈的长度较短，因而需要的跳数较少。其次，从图 4-22 的 4 个子图中可以看出，预置柱保护路径的跳数大于预置球的跳数，预置球的跳数大于三连通结构体的跳数，这是因为预置柱中圈节点的个数是整个拓扑节点数目的一半，而预置球中圈上节点的数目较少，三连通结构体中使用的是最短路算法确定保护路径。然后，单倍冗余保护的跳数比双倍冗余保护的跳数更多，这是因为在双倍冗余保护资源分配时，两个故障链路的备份路径都可以使用最小值；而在单倍冗余保护资源分配时，只有一个故障链路可以使用最短的路径分配，而另一个需要使用与前一个保护路径不相交的次优路径。最后节点相关故障场景下保护路径的长度高于随机双故障，因为节点相关故障中，经常需要考虑备用路径相交的情况，因而保护路径的平均跳数比较大。

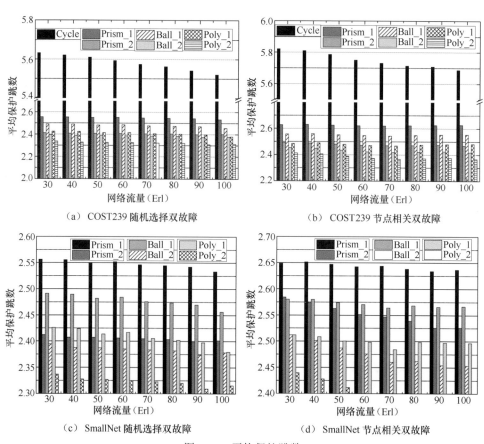

（a）COST239 随机选择双故障　　　　　　（b）COST239 节点相关双故障

（c）SmallNet 随机选择双故障　　　　　　（d）SmallNet 节点相关双故障

图 4-22　平均保护跳数

图 4-23 是网络中保护成功率的结果。首先，预置圈方案、双倍冗余度预置柱、预置球和三连通方案的保护成功率均为 100%，因为预留的保护资源能够完全为故障链路配置保护路径。其次，在单倍保护资源分配的预置柱、预置球和三连通方案中，预置柱的保护成功率最低，三连通的保护最高，因为预置柱中保护路径的交叉影响比较大，而三连通方案中最短路计算，交叉影响比较小。

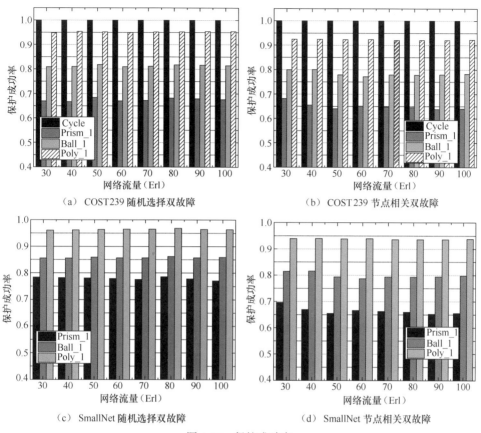

图 4-23　保护成功率

4.6　本章小结

　　本章主要针对网络光层多故障场景，提出立体化保护方案。首先分析多故障保护的需要，并且描述由线保护到面保护的变革思路，进而提出体保护的概念。根据图论中连通性理论及 Menger 定理，说明多链路保护的原理。

　　在理论分析的基础上，提出了针对多链路故障的预置柱和预置球算法。针对每种算法，建立其模型，并进行理论分析。进而提出保护体结构在配置时的构造方法和故障后的路由算法。最终，利用仿真平台，对提出的方法进行验证。实验结果表明，本章提出的算法，在构造和保护效率上，均较传统的预置圈保护有更好的效果。

参考文献

[1] TAKARA H, SANO A, KOBAYASHI T, et al. 1.01-Pbit/s (12SDM/222 WDM/456 Gbit/s) crosstalk-managed transmission with 91.4-bit/s/Hz aggregate spectral efficiency [C]// Proc. European Conference and Exhibition on Optical Communication (ECOC), Amsterdam Netherlands, Post-Deadline Paper, 2012: Th.3.C.1, 2012.

[2] ZHANG G, LEENHEER M D, MOREA A, et al. A survey on OFDM-based elastic core optical networking [J]. IEEE communications surveys & tutorials, 2012, 15(1): 65-87.

[3] LIU Y, GUO L, YU C, et al. Planning of survivable long-reach passive optical network (LR-PON) against single shared-risk link group (SRLG) failure [J]. Optical switching and networking, 2014, 11: 167-176.

[4] ITU-T G.842. Interworking of SDH network protection architecture [S]. 1994.

[5] ITU-T G.873.1. Optical transport network (OTN): linear protection[S]. 2006.

[6] SCHUPKE D A. Analysis of P-Cycle capacity in WDM networks [J]. Photonic network communications, 2006, 12(1): 41-51.

[7] RAMAMURTHY S, MUKHERJEE B. Survivable WDM mesh networks, part I-protection[C]// Proc. IEEE INFOCOM, New York, US, 1999, 2: 744-751.

[8] MUKHERJEE B. Optical WDM networks [M]. Springer, 2006.

[9] GROVER W D, STAMATELAKIS D. Cycle-oriented distributed preconfiguration: ring-like speed with mesh-like capacity for self-planning network restoration[C]//Proc. IEEE International Conference on Communications (ICC), Atlanta, GA, 1998: 537-543.

[10] KIAEI M S, ASSI C, JAUMARD B. A survey on the P-Cycle protection method[J]// IEEE communication surveys & tutorials, 2009, 11(3): 53-70.

[11] DOUCETTE J, HE D, GROVER W D, et al. Algorithmic approaches for efficient enumeration of candidate P-Cycles and capacitated P-Cycle network design[C]//Proc. International Workshop on Design of Reliable Communication Networks (DRCN), 2003: 212-220.

[12] SAKANO T, YAMAMOTO S. An efficient wavelength path assignment method for hypercube photonic networks[C]//Proc. European Conference and Exhi-bition on Optical Communication, Amsterdam Netherlands, 2012: Tu.4.D.6.

[13] CHEN J, KANJ I A, WANG G. Hypercube network fault tolerance: a probabilistic approach[J]. Journal of interconnection networks, 2005, 6(1): 17-34.

[14] 孙惠泉. 图论及其应用[M]. 北京: 科学出版社，2004.

[15] BOESCH F T, WANG J F. Super line connectivity properties of circulant graphs[J]. SIAM journal on algebraic discrete methods, 1986, 7(1): 89-98.

[16] FRANK A. Connectivity and network flows [J]. Handbook of combinatorics, 1995, 1: 111-178.

[17] LI X, HUANG S, ZHANG J, et al. k-regular and k-(edge)-connected protection structures in optical transport networks[C]//Proc. Optical Fiber Communication Conference (OFC), Anaheim, CA, US, 2013: JW2A.03.

[18] HUANG S, ZHANG J, LI X, et al. Pre-configured polyhedron (p-poly) based protection structure against multi-link failures in optical networks[C]//Proc. International Conference on Communications and Networking in China (CHINACOM), Kun Ming, 2012: 277-283.

[19] MADER W. Eine eigenschaft der atome endlicher graphen[J]. Arch. math. 1971, 22(1): 257-262.

[20] HUANG S, GUO B, LI X, et al. Pre-configured polyhedron based protection against multi-link failures in optical mesh networks[J]. Optics express, 2014, 22(3): 2386-2402 .

[21] MA C, ZHANG J, ZHAO Y, et al. Pre-configured prism (P-Prism) method against simultaneous dual-link failure in optical networks[J]. Optical fiber technology, 2014, 20(5): 443-452.

[22] MA C, ZHANG J, ZHAO Y, et al. Pre-configured cube (P-Cube): optimal protection structure against simultaneous dual-link failure in multi-dimensional node based optical networks[C]// Proc. Asia Communications and Photonics Conference (ACP), Beijing, China, 2013: AF2C.6.

[23] WU B, YEUNG K L, HO P H. Monitoring cycle design for fast link failure localization in all-optical networks[J]. Journal of lightwave technology, 2009, 27(10): 1392-1401.

[24] MA C, ZHANG J, ZHAO Y, et al. Preconfigured ball (P-Ball) protection method with minimum backup links for dual-link failure in optical mesh networks[J]. IEE communications letter, 2015, 19(3): 363-366.

[25] MA C, ZHANG J, ZHAO Y, et al. Pre-configured polyhedron (P-Poly) with optimal protection efficiency for dual-link failure in optical mesh networks[C]//International Workshop on Reliable Networks Design and Modeling (RNDM), Barcelona, Spain, 2014: 16-22.

第5章

光层降级的多故障保护技术

在传统的网络业务中，在考虑业务等级时，通常是不同的业务等级使用不同的保护方式，例如业务等级协议（Service Level Agreement，SLA）。但是在多故障事件发生后，由于网络多个元件受到损失，无法对业务直接按照原等级进行恢复，因此，本章介绍可以降级的保护技术。

🔍 5.1　降级生存性的基本原理

目前的网络支持多样化的服务，从云计算和视频流到传统的 HTTP、VoIP 等。不同的服务有不同的要求（例如时延和带宽的容忍性）与特性（例如重要性和收益）。由于这些异质性，对所有的业务使用相同优化策略只能得到次优化的解决方案，而得不到最优化的。因此，我们需要考虑业务容忍度（例如降级保护容忍度）和故障容忍度（例如生存性）的不同，来实现多故障下灵活的解决方案[1]。降级服务指在业务指的是在资源分配时，可以减少业务使用的带宽资源，来提高业务请求的可达性。

降级服务的概念被用于介绍大规模多故障下对生存性业务的重路由上。对故障业务提供 100%的全带宽保护需要的额外带宽，因此浪费了大量的有效资源，也不经济。一些研究者提出了部分保护的概念，可以使用较少的额外资源达到全保护的效果[2,3]。网络资源可以实证业务请求的部分带宽，它们的标准可以在业务等级协议中规定。

在大容量通信网络中，尤其是波分复用（Wavelength-Division Multiplexing，WDM）网络，由于大带宽的提供，故障将导致大量数据损失。尤其是，多故障可能导致大量业务损失；因此，在考虑 WDM 网络时，必须考虑多故障的情况。在以往的网络中，已经提出了多种的保护和恢复方案[3]。在保护方案中，需要为业务请求预留额外的带宽。通常为一个业务请求提供一对路径：一个用来承载正常业务操作，也就是工作路径；另一个是保护路径，也就是预留下来，只有网络故障时使用。工作路径和保护路径经常是链路、节点和共享风险组（Shared Risk Group，SRG）不相交。当链路或者交换机受到同一个多故障事件影响时，将保证至少有一个链路不受到该事件的影响。在专有保护方案中，物理层的备份资源经常在一开始就分配给保护路径[4]。恢复方案可以不预留备份资源，而当多故障事件发生后，网络需要根据当时网络资源状态，为中断的业务请求提供路径或者重新找最短路径[4,5]。保护方案可以保证业务的连通性，而恢复方案可以节省大量的资源。

在降级保护中，有两种方案可供选择：第一种方案是在调制格式不变的情况下，提供全带宽的一部分进行保护，这种方案的优点是可以保证通信信号的质量，缺点是不能够保证通信内容完整[1,6]；第二种方案是引入灵活栅格光网络的概念，在其带宽可调的前提下，针对每一条业务请求，变换其调制格式[7-10]。

在网络生存性中，可调节性也是一个重要的方面[11]。如果能够对网络中的资源进行重路由，释放更多的资源来提高网络的性能也是一个很重要的方法。在保护方案中，由于故障产生的概率较低，大部分的保护资源都被闲置。因此，新的工作路径可以利用已有保护路径上的备份频谱资源，而对原有中断的保护路径进行重路由计算（Backup Reprovisioning，BR）[4,5]。尽管这种方案可以大大提高网络资源的利用效率，但是在事实的网络中，并没有一种可以直接嵌入这种方案的架构。面对多故障事件，目前的网络架构灵活度都不足，例如控制面和数据面捆绑在一起。这导致了保护开关在物理层进行了设置，因此，当实现保护路径的重路由计算时，需要在物理层重新进行配置。在资源分配时，重路由可能导致网络资源和节点配置的冲突[12,13]，因此，需要时间和空间去完成调配，这可能导致业务的中断。

SDN 的兴起提供了一种解决相关问题的办法。在 SDN 的架构中，将网络中的逻辑控制平面从底层的路由器与交换机中分离出来。这种革新朝向一种集中控制机制，简化网络管理，并且引入新的灵活性，例如动态带宽提供和机会[14]。此外，由于 SDN 可以同时向一条路径上所有的节点发送建路请求，快速建路能力大大提升，它降低了保护和恢复之前的差别。由于 SDN 的这些新特性，网络管理呈现更多的动态化、灵活化，可以向网络提供基于重路由的降级保护方案。

在本章中，基于频谱变化，与灵活栅格光网络结合，提出基于内容连通性和带宽自适应性的保护方案（Bandwidth-adaptability and Content-connectivity based Protection，BCP），主要用于解决降级保护原理问题[15,16]。在降级保护的基础上，提出了基于保护路径重路由的降级保护方案（Backup Reprovisioning with Partial Protection，BRPP），用来解决降级保护的架构问题。

🔍 5.2 基于调制格式的降级保护

随着数据中心网络的发展，业务的要求也与以前有很大的区别。在传统的网络中，业务是点对点（Point-to-Point）的，也意味着业务从特定的源节点到特定的宿节点，而宿节点是不能够变化的。在这种情况下，如果宿节点发生故障，整个业务就会失效。而在数据中心网路，大多数的请求是需要数据中心资源的应用请求，例如云计算、视频等业务。我们称这种请求为点到内容（Point-to-Content）的请求，在这类请求中，目的节点是不固定的，任意拥有这种资源的数据中心节点都可以成为宿节点。在数据中心网络中，如果一个数据中心节点在多故障事件中失效，点到内容的业务可以被其他数据中心替代[17]。这种保护方式被称为内容连通性，不同于传统的节点连通性（Point-Connectivity），即源宿节点必须相连[18]。例如，谷歌（Google）公司建立了私有数据中心光网络来连接它在五大洲上的 12个数据中心[19]。但是内容连通性也有其弱点，即数据中心网络需要提供较高的带宽[20]。数据中心周围的负载较大，需要更多的频谱资源。

在这一节中，我们将业务降级与内容连通性结合在一起，提出基于内容连通性的降级保护方法，在弹性光网络的情况下降低频谱资源消耗。

5.2.1 基于内容连通性的降级保护原理

1. 多故障弹性数据中心网络建模

这个模型包含 3 个部分：数据中心网络、灾难和点到内容的业务请求。弹性网络需要满足频谱连续性和频谱一致性原则。数据中心部署在网络的几个节点上，为用户提供业务服务。在本模型中，所有的数据中心都存储相同的业务。风险共享链路组（SRLG）用来表示多故障。在每个 SRLG 中，一组物理链路同时故障，而保护条件为 SRLG 不相交（SRLG-Disjoint）[15,16]。一个节点故障可以表示为某个节点周围的链路都发生了故障。点到内容的业务请求包括源节点、工作带宽和等级信息。网络模型符号化表示如下。

① 输入：$G(V, E, \Delta, D)$ 为网络拓扑，其中，V 指物理链路集合，E 指物理链路集合，Δ 指 SRLG 集合，D 指数据中心集合。R 为应用请求 $r(s, \varphi, \varphi')$ 集合，其中，s、φ、φ' 分别表示源节点、工作带宽和保护带宽。

② 输出：SRLG 不相交的工作路径 p^w 和保护路径 p^w。

③ 目标：最小化工作和保护路径的频谱消耗 C。

2. 基于内容连通性的路径计算

在传统保护方法中，链路不相交约束已经满足单故障的需求。而在多故障中，我们使用 SRLG 不相交的约束确保工作和保护路径在不同的风险共享链路组中，因此，当一个多故障事件发生时，业务请求仍然是连通的。但是，在最坏的情况里，当宿节点周围的链路全在一个 SRLG 中，内容连通性是需要的。图 5-1 是一个两数据中心的网络，其中，v_a、v_b、v_d 和 v_e 是用户节点，用来发送业务请求；v_c 和 v_f 是两个数据中心节点。网络中有 3 个风险共享链路组，分别是 $SRLG_1=\{e_{ab}, e_{af}\}$、$SRLG_2=\{e_{bc}, e_{bd}\}$ 和 $SRLG_3=\{e_{cd}\}$。以示例业务请求 r 为例，由节点 v_a 发出，图 5-1（a）显示的是节点连通性方案，其中，p^w 和 p^b 都在 $SRLG_1$ 中，当 $SRLG_1$ 发生时，p^w 和 p^b 同时失效。而图 5-1（b）显示的是内容连通性方案，数据中心 v_f 和 v_c 分别被工作和保护链路作为目的节点。在此方案中，无论 $SRLG_1$ 还是 $SRLG_2$ 发生，r 均连通。因此，内容连通性方案是一个有效解决光网络多故障的方案。

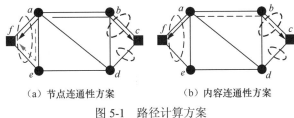

（a）节点连通性方案　　　　　（b）内容连通性方案

图 5-1　路径计算方案

3. 基于业务降级的资源分配

在弹性光网络中，应用的目的节点都是数据中心数据中心附近的流量负载都很严重，这导致了网络的高阻塞率。因此，降级保护可以被借鉴到数据中心网络中。在弹性光网络中，信号的调制格式可以依照业务请求变化[7,8]。不同的请求需要不同的调制格式[9,10]。以 BPSK、QPSK、16QAM 和 64QAM 为例，随着调制格式增大，传送速率依次递增，传送质量依次递减，见表 5-1。

表 5-1　调制格式参数

调制格式	OFDM-BPSK	OFDM-QPSK	OFDM-16QAM	OFDM-64QAM
信号速率	$B/2n$ (const.)	$B/2n$ (const.)	$B/2n$ (const.)	$B/2n$ (const.)
比特/信号	1	2	4	6

在本方案中，保护质量（Quality of Protection，QoP）是业务请求的一种抽象特征，它意味着不同的业务请求有不同的保护方式。例如，保护质量可以提供 3 种水平的保护方式：面向多故障的保护方式、面向单故障的保护方式、无保护。信号的质量（Quality of Signal）是业务请求的另一种抽象特征，它表示信号的质量，例如噪声、物理损伤等。如果提高保护质量并降低阻塞率，需要降低网络的带宽。但是如果提高业务的信号质量，必须使用较大带宽来传输。因此，对于一个业务请求，需要在保护质量和信号质量之间做一个平衡。在本方案中，我们选择信号质量作为工作路径的衡量标准，而保护质量作为保护路径的衡量标准。

在弹性光网络中，应用请求的保护路径可以灵活选择。如图 5-2（a）所示，业务请求 r 的工作路径使用 4 个频谱通道的 BPSK 格式。传统的保护方案使用的是 BPSK 保护方式，使用 4 个频谱通道，而在降级保护方案中使用的是低等级的保护方式，例如 QPSK、16QAM 等。若保护方案使用 QPSK，则保护路径使用 2 个频谱通道，如图 5-2（b）所示。

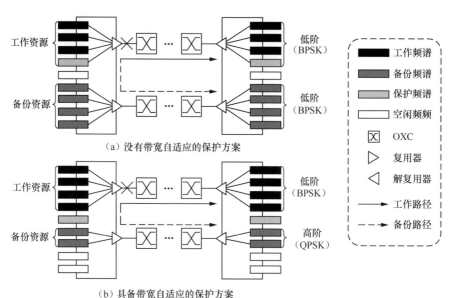

（a）没有带宽自适应的保护方案

（b）具备带宽自适应的保护方案

图 5-2 使用不同调制格式的频谱分配方案

5.2.2 MILP 模型

在本小节中，针对基于内容连通性的降级保护，提出一种混合线性整数规划的保护方案（Mixed Integer Linear Program，MILP）。其数学描述如下所示。

1. 符号

G：基于灵活栅格的数据中心网络。

E：网络链路集合。

V：网络节点集合。

D：数据中心集合。

Λ：频谱资源集合。

Δ：SRLG 集合。

R：业务请求集合。

λ_{GB}：业务间保护带宽。

M：一个极大数，例如 10^5。

2．变量

$f_{(i,j),\lambda,r}^{w}$：二进制变量。当业务 r 的工作路径占用链路 e_{ij} 的频谱通道 λ 时，值为 1；否则为 0。

$f_{(i,j),\lambda,r}^{b}$：二进制变量。当业务 r 的保护路径占用链路 e_{ij} 的频谱通道 λ 时，值为 1；否则为 0。

$n_{i,r}^{w}$：二进制变量。当业务 r 的工作路径使用 v_i 作为目的节点时，值为 1；否则为 0。

$n_{i,r}^{b}$：二进制变量。当业务 r 的保护路径使用 v_i 作为目的节点时，值为 1；否则为 0。

$\alpha_{\delta,r}^{w}$：二进制变量。当业务 r 的工作路径使用 SRLG δ 时，值为 1；否则为 0。

$\alpha_{\delta,r}^{b}$：二进制变量。当业务 r 的保护路径使用 SRLG δ 时，值为 1；否则为 0。

3．目标函数

MILP 的目的是最小化总的频谱消耗，如式（5-1）所示。

$$\min C = \min\left(\sum_{(i,j)\in E}\sum_{\lambda\in\Lambda}\sum_{r\in R}(f_{(i,j),\lambda,r}^{w} + f_{(i,j),\lambda,r}^{b})\right) \qquad (5\text{-}1)$$

4．约束条件

MILP 的约束条件分为 4 个部分，包含路径计算和频谱分配的各个方面：目的节点约束找出工作和保护路径的目的节点；SRLG 不相交约束确保工作和保护路径经过不同的 SRLG。流守恒约束使每个节点进和出的流总量相同；灵活格栅约束指的是频谱一致性和频谱连续性约束。前两个约束在于路径计算，后两个约束在于频谱分配。

（1）目的节点约束

所有的数据中心提供相同的应用服务。对每条路径或者保护路径，仅需要一个目的节点，如式（5-2）和式（5-3）所示。

$$\sum_{v_i\in D} n_{i,r}^{w} = 1, \quad \forall r\in R \qquad (5\text{-}2)$$

$$\sum_{v_i\in D} n_{i,r}^{b} = 1, \quad \forall r\in R \qquad (5\text{-}3)$$

（2）SRLG 不相交约束

SRLG 约束指的是工作和路径处于不同 SRLG 中。约束式（5-4）和式（5-5）分别找出工作和保护路径是否在风险共享链路组 δ 中。约束式（5-6）确保工作和保护路径不经过同一个多故障区域。

$$\sum_{e_{ij}\in\delta}\sum_{\lambda\in\Lambda}(f_{(i,j),\lambda,r}^{w} + f_{(j,i),\lambda,r}^{w})/M \leqslant \alpha_{\delta,r}^{w} \leqslant \sum_{e_{ij}\in\delta}\sum_{\lambda\in\Lambda}(f_{(i,j),\lambda,r}^{w} + f_{(j,i),\lambda,r}^{w}), \quad \forall r\in R, \delta\in\Delta \qquad (5\text{-}4)$$

$$\sum_{e_{ij} \in \delta} \sum_{\lambda \in \Lambda} (f^b_{(i,j),\lambda,r} + f^b_{(j,i),\lambda,r}) / M \leqslant \alpha^b_{\delta,r} \leqslant \sum_{e_{ij} \in \delta} \sum_{\lambda \in \Lambda} (f^b_{(i,j),\lambda,r} + f^b_{(j,i),\lambda,r}), \quad \forall r \in R, \ \delta \in \Delta \quad (5\text{-}5)$$

$$\alpha^w_{\delta,r} + \alpha^b_{\delta,r} \leqslant 1, \quad \forall r \in R, \ \delta \in \Delta \quad (5\text{-}6)$$

（3）流守恒约束

约束式（5-7）和式（5-8）分别确保工作和保护路径的流守恒。在中间节点，流入和流出的流量是相等的；在源节点只有流出的流，没有流入的流；在宿节点只有流入的流，没有流出的流。约束式（5-9）意味着一个频谱，只能够被一条链路的工作或者保护链路占用，确保方案中使用的是专有保护。

$$\sum_{e_{ij} \in E} \sum_{\lambda \in \Lambda} (f^w_{(i,j),\lambda,r} - f^w_{(j,i),\lambda,r}) = \begin{cases} \varphi + \varphi_{GB}, & v_i = s \\ -n^w_{i,r}(\varphi + \varphi_{GB}), & v_i \in D, \quad \forall v_i \in V, \ r \in R \quad (5\text{-}7) \\ 0, & \text{其他} \end{cases}$$

$$\sum_{e_{ij} \in E} \sum_{\lambda \in \Lambda} (f^b_{(i,j),\lambda,r} - f^b_{(j,i),\lambda,r}) = \begin{cases} \varphi' + \varphi_{GB}, & v_i = s \\ -n^b_{i,r}(\varphi' + \varphi_{GB}), & v_i \in D, \quad \forall v_i \in V, \ r \in R \quad (5\text{-}8) \\ 0, & \text{其他} \end{cases}$$

$$\sum_{r \in R} (f^w_{(i,j),\lambda,r} + f^w_{(j,i),\lambda,r} + f^b_{(i,j),\lambda,r} + f^b_{(j,i),\lambda,r}) \leqslant 1, \quad \forall e_{ij} \in E, \ \lambda \in \Lambda \quad (5\text{-}9)$$

（4）灵活栅格约束

灵活栅格约束被分为频谱连续性和频谱一致性约束。约束式（5-10）确保工作路径中所有的物理链路都使用同一频谱资源。约束式（5-11）确保的是保护路径。约束式（5-12）和式（5-13）确保每条链路上的频谱是连续使用的。

$$\sum_{e_{ij} \in E} (f^w_{(i,j),\lambda,r} - f^w_{(j,i),\lambda,r}) = 0, \quad \forall r \in R, \ \lambda \in \Lambda, \ v_i \in V, \ v_i \neq s, \ v_i \notin D \quad (5\text{-}10)$$

$$\sum_{e_{ij} \in E} (f^b_{(i,j),\lambda,r} - f^b_{(j,i),\lambda,r}) = 0, \quad \forall r \in R, \ \lambda \in \Lambda, \ v_i \in V, \ v_i \neq s, \ v_i \notin D \quad (5\text{-}11)$$

$$(f^w_{(i,j),\lambda,r} - f^w_{(i,j),\lambda+1,r} - 1)(-M) \geqslant \sum_{\lambda' \in [\lambda+2, |\Lambda|]} f^w_{(i,j),\lambda',r}, \quad \forall r \in R, \ \lambda \in \Lambda, \ e_{ij} \in E \quad (5\text{-}12)$$

$$(f^b_{(i,j),\lambda,r} - f^b_{(i,j),\lambda+1,r} - 1)(-M) \geqslant \sum_{\lambda' \in [\lambda+2, |\Lambda|]} f^b_{(i,j),\lambda',r}, \quad \forall r \in R, \ \lambda \in \Lambda, \ e_{ij} \in E \quad (5\text{-}13)$$

5.2.3 启发式算法

然而，MILP 只能在静态场景下使用，而对于动态场景，就需要使用启发式

算法了。在本小节，我们介绍两种算法来解决动态场景的问题。第一种为 BCP_KSP 问题，首先用 k 条最短路径（k Shortest Path，KSP）找到两条不在相同 SRLG 且内容连通的路径，然后使用首次命中（First Fit，FF）的方法寻找合适的频谱；第二种是一步算法，称为 BCP_MSP，即使用改进的最短路径（Modified Shortest Path，MSP）算法，同时考虑路径计算和频谱分配。

1. BCP_KSP 算法

BCP_KSP 是一种两步算法，分别为路径计算和频谱分配。当业务 r 到达时，首先计算工作和保护路径，然后分配资源。如果没有合适的频谱资源，r 将被阻塞掉。

在网络中，有 $|D|$ 个数据中心。对于路径计算，KSP 将找到从源节点到每个数据中心的 k 条最短，因此，总的备用路径是 $k|D|$。然后，将任意两条组合在一起，分别为工作和保护链路。因此，业务 r 总的路径对数为 $k|D|(k|D|-1)/2 = K^2|D|(|D|-1)/2$，然后删除在同一 SRLG 内的路径对。

对于所有的路径对，选择具有最小路径消耗的方案作为最终结果。根据每个路径对的跳数和带宽，可以得到式（5-14）的结果。

$$C = H_{p_i}(\varphi + GB) + H_{p_j}(\varphi' + GB) \tag{5-14}$$

其中，H_{p_i} 和 H_{p_j} 分别是 p_i 和 p_j 的跳数。

路径计算过程如图 5-3 所示。对于频谱分配，首次命中算法用来选择频谱时隙。BCP-KSP 算法见表 5-2。

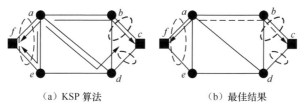

（a）KSP 算法　　　　　　（b）最佳结果

图 5-3　BCP_KSP 图中的路径计算

表 5-2　BCP_KSP 算法

输入：图 $G(V, E, \Delta)$，业务请求 $r(s, \varphi, \varphi')$
输出：针对业务请求 r 的路径对 (p^w, p^b, C)
1：路径集合 $P \leftarrow$ null
2：**for** $i \in D$
3：　　使用 KSP 算法，找到从 s 到 i 点的 k 条路径集合 p。
4：　　$P = P + p$
5：**end for**
6：通过 φ 和 e 计算出保护路径的带宽 φ'

（续表）

7：路径集合 PP←null，C←∞

8：**for** $p_i \in P$

9：　　**for** $p_j \in P$

10：　　　　**if** p_i 和 p_j 是风险共享链路组不相交

11：　　　　　　分配给 p_i 和 p_j 上带宽为 φ 和 φ' 的频谱资源

12：　　　　　　**if** 两条路径上有足够的频谱资源

13：　　　　　　　　通过式（4-14）计算出 p_i 和 p_j 的带宽消耗 C'

14：　　　　　　　　**if** $C' < C$

15：　　　　　　　　　　$PP=(p_i, p_j, C)$

16：　　　　　　　　**end if**

17：　　　　　　**end if**

18：　　　　**end if**

19：　　**end for**

20：**end for**

21：**return** PP

---

2. BCP_MSP 算法

随着频谱灵活光网络的发展，一些一步的算法也被引入路径计算和频谱分配中[21,22]。在两步算法中，首先寻找业务请求的路径，然后分配资源，如 BPC_KSP 算法。而在一步算法中，路径计算和资源分配在同一步中。

MSP 算法是灵活栅格光网络中一种有用的一步算法。在本算法中，将 MSP 引入内容连通性的降级保护，形成 BCP_MSP 算法。在每一步，我们都找到用来满足频谱资源的最短路径。与此同时，每一步都满足频谱连续性和频谱一致性原则。

图 5-4 所示为 BCP_MSP 过程，该方案逐一决定工作和保护路径。业务请求 r 由节点 v_a 产生，工作和保护路径分别要求 4 个和两个时隙带宽。在初始，知道每一条链路的频谱状态。对于工作路径 p^w，首先，找到 v_a 附近拥有 4 个甚至更多连续时隙的链路，例如 e_{af} 和 e_{ad}，发现数据中心节点 v_f，因此工作路径为 e_{af}；对于保护链路 p^b，首先删除与工作路径 p^w 在同一 SRLG 的链路，例如 e_{af} 和 e_{fe}。其次，寻找 v_a 附近拥有两个甚至更多连续时隙的链路，如 e_{ab}、e_{ad} 和 e_{ae}。最后，寻找这条链路另一节点周围的新链路，对于节点 v_e，周围没有其他有相同时隙的链路；对于节点 v_b，链路 e_{bc} 和 e_{bd} 有相同的频谱时隙 5 和 6，并且节点 v_c 是数据中心。因此，保护路径是 e_{ab}-e_{bc}。BCP_MSP 的伪代码见表 5-3。

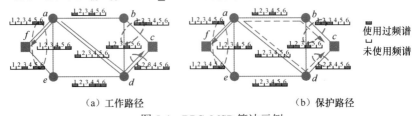

（a）工作路径　　　　　　　　　　　　（b）保护路径

图 5-4　BCP_MSP 算法示例

表 5-3　BCP_MSP 算法

输入：图 $G(V, E, \Delta)$，业务请求 $r(s, \varphi, \varphi')$
输出：针对业务请求 r 的路径对 (p^w, p^b, C)

1：初始化路径对 $p^w, p^b \leftarrow$ null
2：**for** $p \in (p^w, p^b)$
3：　　**if** p 是保护路径 p^b
4：　　　找出经过 p^w 的风险 $\delta^w \in \Delta$，并且把相关的链路从拓扑中删除
5：**end if**
6：初始化访问节点集合 $M \leftarrow \{s\}$，源宿节点的资源消耗 $C_n \leftarrow \infty$，源节点 s 到 v_n 的频谱资源 $S_n \leftarrow all$ *Spectrum*，以及源节点 s 到第 n 步的路径信息 $P_n \leftarrow$ null，$p=$null，$C_p \leftarrow \infty$ (C_p 是 p 的资源代价)
7：**for** 链路 $e_{si} \in E$ 和 $|S_{si}| > \varphi$ ($|S_{si}|$ 指的是链路 e_{si} 上连续频谱时隙的数目)
8：　　　　$D_i \leftarrow D_s$，$S_i \leftarrow S_{si}$，$P_i \leftarrow e_{si}$，$M \leftarrow v_i$
9：**end for**
10：　　**for** $v_i \in M$ **do**
11：　　　　**for** 链路 $e_{ij} \in E$
12：　　　　　　**if** $D_j > D_i + D_{ij}$ 且 $|S_i \cap S_{ij}| > \varphi$
13：　　　　　　　　$P_j \leftarrow P_i + e_{ij}$，$S_j \leftarrow S_i \cap S_{ij}$，$D_j \leftarrow D_i + D_{ij}$，$M \leftarrow M + v_j$
14：　　　　　　　　**if** $v_j \in DCs$ 且 $D_j < D_p$
15：　　　　　　　　　　$D_p \leftarrow D_v$，$p \leftarrow P_v$
16：　　　　　　　　**end if**
17：　　　　　　**end if**
18：　　　　**end for**
19：　　　　**if** $M == V$
20：　　　　　　**break**
21：　　　　**end if**
22：　　**end for**
23：**end for**
24：**return** p^w and p^b

3. 算法时间复杂度分析

BCP_KSP 的复杂度由算法的第 2 步和第 8 步决定。假设计算每个数据中心 k 条路径的时间是 h_1，总的数据中心数目是 $|D|$，因此，第 2 步的总时间是 $|D|h_1$。第 8 步中，总的路径对数是 $k^2|D|(|D|-1)/2$。每对路径的计算时间假设为 h_2，则第 8 步总的时间是 $k^2|D|(|D|-1)h_2/2$。总的算法计算时间为 $|D|h_1 + k^2|D|(|D|-1)h_2/2$，因此，BCP_KSP 算法的时间复杂度为 $O(|D|^2)$。

BCP_MSP 的复杂度由第 10 步决定。假设总的物理节点数目为 $|V|$，每个节点的平均计算次数为 $|V|/2$。因此，在 BCP_MSP 算法中，工作保护路径总的计算时间是 $2|V|^2/2 = |V|^2$，算法的复杂度为 $O(|V|^2)$。

两个算法的时间复杂度显示，两个算法都能保证在一个多项式时间内。

5.2.4　数据分析

本小节分别讨论静态和动态场景下的仿真数据结果。

1. 静态 MILP 仿真数据结果

利用图 5-1（a）中的 6 点拓扑进行 MILP 仿真。在线下提前产生业务请求，其带宽随机为 2 个或 4 个时隙。假设每条物理链路有 80 个时隙。BPSK 用来作为工作链路，而 BPSK、QPSK 和 16QAM 分别作为保护链路。通过对总频谱消耗、工作频谱消耗、保护频谱消耗和频谱资源冗余度的分析，验证所提的算法。

在 BPSK、QPSK 和 16QAM 中分析 BCP 算法的优势，如图 5-5 所示。首先，观察到总的频谱消耗随着业务请求数目的增长而增长。其次，BPSK 使用最多的频谱消耗，而 16QAM 使用最少的频谱消耗，因为 16QAM 中一个波长所携带的信息是 BASK 的 4 倍，是 QPSK 的 2 倍，因此，16QAM 所需带宽是 BPSK 的 1/4，是 QPSK 的一半。相对于传统保护和工作使用同一调制方式的方案，BCP 可以灵活地调整调制格式，减少频谱消耗。

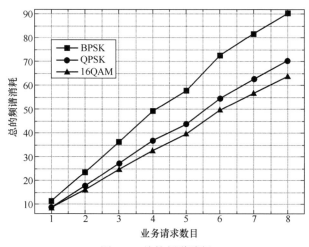

图 5-5　总的频谱消耗

为了分析频谱消耗的不同成分，我们在不同的调制格式下，分析工作和保护路径所消耗的频谱（如图 5-6 所示的 WP 和 BP）。首先注意到，每种调制格式下的频谱消耗随着业务请求数目的增长而增长。其次，工作路径和保护路径分别分析。对于工作路径，3 种场景下几乎一样，因为工作路径使用相同的调制格式；而对于保护路径，频谱消耗随着调制格式增长而增长。可以看出，频谱消耗增长主要和保护路径的调制格式有关。

图 5-7 所示为频谱冗余度曲线，它是保护资源与工作资源的比值。首先，可以观察到 3 种调制格式下的曲线基本稳定，这是因为工作和保护路径的频谱消耗增长速率几乎一样。其次，可以观察到 BPSK 的冗余度最高，而 16QAM 最低，这是因为 BCP 使用较少的频谱资源保护较多的点到内容应用请求。

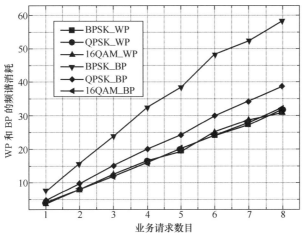

图 5-6　工作和保护的频谱消耗

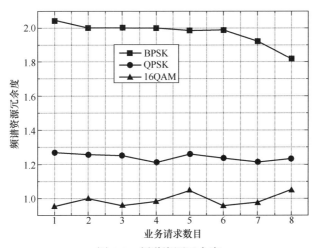

图 5-7　频谱资源冗余度

2. 动态启发式算法仿真数据结果

为了检验 BCP_KSP 和 BCP_MSP 的性能,利用图 5-8 中的 COST239 和 NSFNet 拓扑进行仿真。仿真中,每条物理链路的时隙为 400 个,每个数据中心的容量为无限的。每个需求的带宽随机分配为 4～12 个频谱时隙,业务间的保护带宽为 1 个频谱时隙。在 COST239 和 NSFNet 中,分别设置 3 个数据中心和 5 个 SRLGs。在 COST239 中,数据中心节点为 v_d、v_e 和 v_i,SRLG 分别为 $\{(e_{ad}, e_{cd}, e_{dh}), (e_{dj}, e_{dg}), (e_{be}, e_{ce}, e_{ef}, e_{ek}, e_{eh}), (e_{fi}), (e_{gi}, e_{ij}, e_{hi}, e_{ki})\}$。在 NSFNet 中,数据中心为 v_b、v_f 和 v_i,SRLGs 分别为 $\{(e_{ab}, e_{bc}, e_{bd}), (e_{cf}, e_{ef}), (e_{fn}, e_{ff}), (e_{hi}, e_{ij}), (e_{li}, e_{mi})\}$。

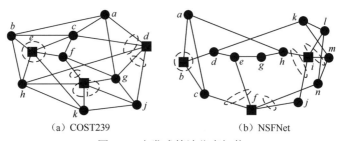

（a）COST239　　　　　　（b）NSFNet

图 5-8　启发式算法仿真拓扑

现在，我们比较在不同调制格式下 BCP_KSP（k=1, 2, 3）算法和 BCP_MSP 算法中的阻塞率，如图 5-9 所示。首先，我们观察到在同样的算法中，BPSK 格式的阻塞率是最高的，16QAM 的阻塞率是最低的，这是因为 BPSK 格式中的工作带宽和保护带宽相同，而 16QAM 中保护带宽是工作带宽的 1/4。其次，在相同的调制格式下，阻塞率随着 k 的值增长而下降。以 BPSK 为例，BPSK_K1 的阻塞率比 BPSK_K3 的阻塞率要高，这是因为候选路径的数目随着 k 的增长而增长。当 k=1 时，从源节点到每个数据中心只有一条路径，这就意味着总的路径对数是 $k^2|D|(|D|-1)=1\times3\times2/2=3$；而当 k=3 时，路径对的数目为 $k^2|D|(|D|-1)/2=3^2\times3\times2/2=27$。因此，阻塞率与调制格式和候选路径对的数目有关。再次，我们看到 BCP_MSP 的阻塞率比 BCP_KSP 的阻塞率低，这是因为对于 BCP_MSP 找到每条物理链路时都考虑足够的容量，因此，其频谱消耗低于 BCP_KSP，这就导致其阻塞率也低于 BCP_KSP。

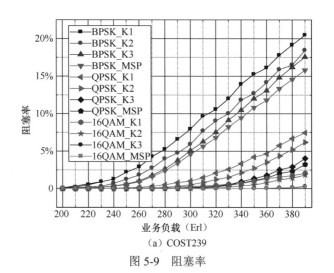

（a）COST239

图 5-9　阻塞率

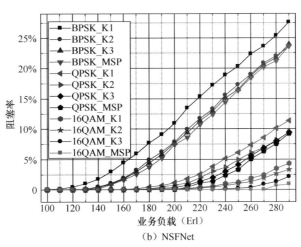

（b）NSFNet

图 5-9　阻塞率（续）

　　从图 5-10 中我们看到，根据保护路径的调制格式，频谱资源利用率分为 3 组，这也意味着保护路径影响的主要因素是频谱资源消耗。对于每一种的调制格式，我们可以观察到，在较低的流量负载时，不同算法的频谱资源利用率类似。而在高的流量负载时，频谱资源利用率随着 k 值的增长而增长，这也意味着备用路径的跳数在 k=3 时高于 k=1。与此同时，BCP_MSP 的频谱资源利用率高于 BCP_KSP，这也意味着 BCP_MSP 是最优的算法。

　　为了进一步解释消耗频谱资源的成分，3 种调制格式下工作路径和保护路径的频谱资源消耗都做了如下分析。

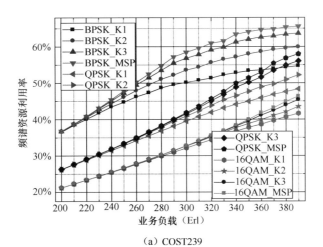

（a）COST239

图 5-10　频谱资源利用率

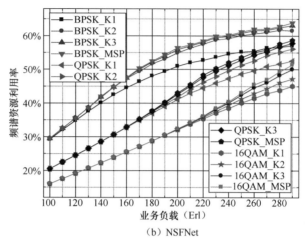

（b）NSFNet

图 5-10　频谱资源利用率（续）

图 5-11 所示的是工作路径的平均频谱资源消耗。可以观察到，当业务负载低时，频谱资源消耗类似，因为在这时大部分的路径都是最短路径选择。当业务负载高时，尤其是 COST239 中高于 320 Erl 和 NSFNet 中高于 220 Erl 时，工作路径中 BPSK 消耗最低的频谱资源，16QAM 消耗最高的频谱资源，这也意味着工作路径的跳数在 16QAM 中比其他两种的跳数更高。

图 5-12 所示的是保护路径的平均频谱资源消耗，与保护路径一样，根据调制格式也分 3 个部分。保护路径使用最高调制格式的情况分配最少的保护资源。

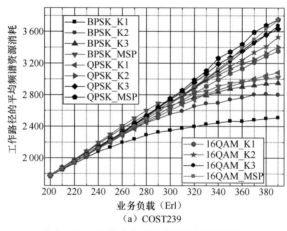

（a）COST239

图 5-11　工作路径的平均频谱资源消耗

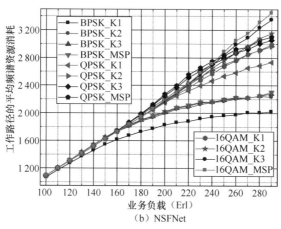

图 5-11　工作路径的平均频谱资源消耗（续）

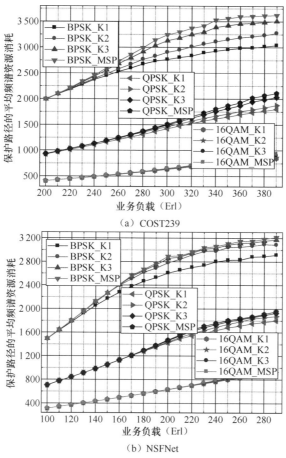

图 5-12　保护路径的平均频谱资源消耗

图 5-13 所示的是 BCP_KSP 和 BCP_MSP 的频谱资源冗余度。可以看到，它随着调制格式的增长而增长，这是因为保护路径使用较高的频谱调制格式占用了更多的频谱资源。同时也可以观察到，所有的场景都很稳定，这也意味着工作路径和保护路径的频谱资源消耗的增长幅度几乎是一致的。

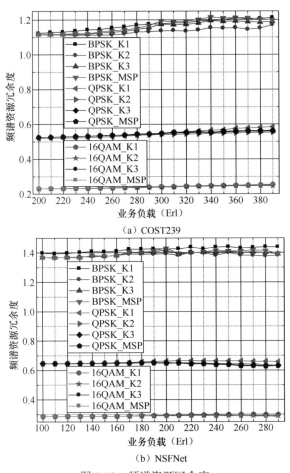

（a）COST239

（b）NSFNet

图 5-13　频谱资源冗余度

🔍 5.3　降级重路由保护的实现方法

5.3.1　降级重路由保护实现架构概述

降级保护作为一种保护方法，在网络运营中提供保护带宽时有不同的范围。

根据保护策略的不同，提供不同的保护带宽，因此其保护架构也需要更新。在本小节中，我们使用专有路径保护（Dedicated-Path Protection，DPP）来提供保护资源。在架构中，资源的分配被动态地存在于逻辑层里，当且仅当物理层需要时提供。下面我们展示一种多故障可能性的概念，然后选择具有最小故障风险的路径提供保护。其次，我们展示一种部分重路由保护（Backup Reprovisioning with Partial Protection，BRPP）的模块来实现。

5.3.1.1　故障风险

以往多故障和灾难的研究中，提出保护业务存在的风险概率，即使用最小化业务的概率来取代保护与恢复。因此，为了提供针对基于风险概率的多故障保护方案，网络的脆弱性需要进行评估。在本小节中，我们使用多故障的风险概率来建模。一个在多故障区域的硬件，其故障概率受到多方面因素的制约，例如位置、设备类型等。使用这个模型，我们可以计算出网络的脆弱性参数，即风险概率（Risk Probability），用此来衡量一个业务的性能。风险概率为 $\sum_{n \in N} \sum_{p \in P} R_p^n$。其中，$N$ 是所有多故障的集合，P 是业务所有路径的集合，$R_p^n \in [0,1]$：1 表示路径 p 受多故障 n 的影响，p_n^{fail} 表示多故障 n 的发生概率。

在通常的计算中，需要做一个共享风险链路组不相交（SRLG Disjoint）的路径组。在给定工作路径的情况下，我们选择的备用路径需要在不同的风险共享链路组里。

5.3.1.2　架构设计

图 5-14 是我们所提出的架构，它在 SDN 控制层里设计许多新的模块，并嵌入了相关的解决方案。在这个架构里，使用基于 OpenFlow 协议的交换机、服务器和控制器。下面介绍该架构的具体子模块。

基于风险感知的路径预留模块（Disaster-Aware Path-Reservation Module）：此模块使用 D 算法来计算点到点业务请求的路径，其中使用风险的信息、使风险的权值最小。该模块计算出工作路径和保护路径，使其风险链路不相交，且链路的风险值最小。

逻辑保护处理模块（Logical-Backup-Handling Module）：该模块负责在逻辑层为已经存在的业务请求预留保护资源。当工作路径受损失，需要将业务切换到保护路径时，才对保护路径进行布置。

服务等级管理模块（Service-Level-Management Module）：当网络中保护资源数目不足时，该模块基于业务等级目标，负责对存在的保护路径进行降级。

数据统计模块（Statistics Module）：该模块主要查询控制器，并收集信息（例如网络中流出和流出流的信息），使得控制器及时发现网络中的故障。

路径管理器（Path Manager）：通过 SDN 控制器的北向 API，负责建立或者拆除路径的信息。保护路径仅在需要它们时，由路径管理器建立。

这些模块在应用层的交互实施方案如图 5-14 所示。当一个业务请求到达时，BRPP 的处理程序如下。

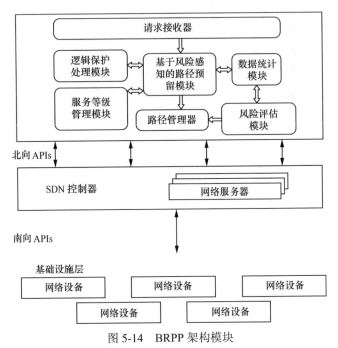

图 5-14　BRPP 架构模块

① 用户的业务请求由 BRPP 的架构收到。

② 数据统计模块询问控制器得到当前网络中的业务状态信息。

③ 基于灾难感知的路径预留模块找出链路不相交和共享风险链路组不相交的工作路径和保护路径。

④ 逻辑保护处理模块重新计算出当网络状态变化时，备用路径的信息；当保护路径没有足够的资源时，可以优化所有保护路径的信息。

⑤ 服务等级管理模块在网络中没有足够的备用资源时，对新业务的保护链路进行降级，然后重新进行计算。

⑥ 路径管理器为控制器中的通信业务建立路径。

当一个多故障发生后，保护模块的应用有两个：一个是接收光层中链路故障的信息；另一个是为故障的业务请求根据预先计算好的路径建路。

5.3.2　启发式算法

在本小节，首先分别提出降级保护和重路由的启发式算法，然后再介绍与其他算法实现时的不同之处。

5.3.2.1　算法详解

正常情况下，BRPP 可以为所有的保护路径提供全容量的服务（即与工作路径相同）；但在资源不足的情况下，BRPP 可以根据业务等级请求灵活的保护带宽，并且可以优化网络中的保护带宽资源，来提高业务请求接收的概率。

对于每个业务请求，都有降级保护（Degraded Service Protection，DSP）和重路由保护资源（Backup Reprovisioning，BR）两种方案。基于网络运营商的策略，它们可以独立提供，也可以一起提供。

表 5-4 显示的是 DSP 的伪代码。在第 1 步中，当一个点对点业务到达时，我们为其找出拥有足够频谱资源的 k 条最短路径，选择最有最小风险概率的路径作为工作路径。在第 4～5 步中，基于工作路径，我们为保护寻找全带宽的路径。如果网络中有足够的空闲带宽，则我们为工作路径和保护路径都提供全带宽。如果网络中没有足够的空闲带宽，在第 9～12 步中，我们将尝试减少保护路径的带宽，再次寻找保护路径。如果此时有足够的空闲带宽，则为工作路径提供全带宽，而为保护路径提供降级保护的带宽。如果此时没有足够的空闲带宽，则该业务请求被阻塞掉。

表 5-4　降级保护服务

输入：图 $G(V, L, B)$，其中 V 和 L 为节点和链路集合，B 为链路容量。
对于连接请求 $r(s, d, b, b')$，s 和 d 为源宿节点，b 和 b' 为全部升级和部分升级容量。
输出：主路径 p_p 和备份路径 p_b，容量分别为 c_p 和 c_b。

1:　使用 G 中的链路形成新的辅助图 G'，所选的链路中空闲容量 $B_{\text{free}} \geq b$。
2:　在 G' 中使用 k 最短路径算法寻找路径集合 P_1，并且选择具有最小风险的链路 p_1 作为工作路径。
3:　**if** p_1 被找到
4:　　　使用 G 中的链路形成新的辅助图 G'，所选的链路中空闲容量 $B_{\text{free}} \geq b$。
5:　　　在 G' 中使用 k 最短路径算法寻找路径集合 P_2，并且使用链路不相交的灾难不相交条件选择具有最小风险的链路 p_2 作为备用路径。
6:　　　**if** p_2 被找到了
7:　　　　　**return** p_1 和 p_2。
8:　　　**else if** p_2 未被找到
9:　　　　　降级带宽 b 到 b'。
10:　　　　使用 G 中的链路形成新的辅助图 G'，所选的链路中空闲容量 $B_{\text{free}} \geq b'$。
11:　　　　在 G' 中使用 k 最短路径算法寻找路径集合 P_2，并且使用链路不相交的灾难不相交条件选择具有最小风险的链路 p_2 作为备用路径。
12:　　　　**if** p_2 被找到了
13:　　　　　　**return** p_1 和 p_2。
14:　　　　**else if** p_2 未被找到
15:　　　　　　使用 G 中的链路形成新的辅助图 G'，所选的链路中链路约束为工作路径和保护路径带宽的和 $B_{\text{free}} + B_{\text{back}} \geq b'$。
16:　　　　　　在 G' 中使用 k 最短路径算法寻找路径集合 P_2，并且使用链路不相交的灾难不相交条件选择具有最小风险的链路 p'_2 作为备用路径。

（续表）

17:	降级所有的请求，其保护路径使用链路 p'_2。
18:	使用 G 中的链路形成新的辅助图 G'，所选的链路中空闲容量 $B_{\text{free}} \geqslant b'$。
19:	在 G' 中使用 k 最短路径算法寻找路径集合 P_2，并且使用链路不相交的灾难不相交条件选择具有最小风险的链路 p_2 作为备用路径。
20:	**if** p_2 被找到
21:	**return** p_1 和 p_2。
22:	**else**
23:	**return** 请求 r 被拒绝。
24:	**end if**
25:	**end if**
26:	**end if**
27:	**else if** p_1 未被找到
28:	**return** 请求 r 被拒绝。
29:	**end if**

BR 的伪代码见表 5-5，与 DSP 算法类似，在第 1～2 步中使用最短路和风险概率计算工作路径。如果工作路径没有找到，则将在第 4 步中重路由所有的保护路径，然后在第 5～6 步中重新寻找工作路径。如果找到工作路径后，则在第 11～12 步中使用全带宽寻找保护路径。如果找到保护路径，则使用此保护路径和工作路径；如果保护路径没有找到，则重路由网络中所有的保护路径，然后再使用最短路径找到足够的带宽，如第 16～23 步；如果还不能找到相关路径，则使用表 5-4 中寻找全带宽的工作路径和部分带宽的保护路径。

表 5-5　备份重路由

输入：图 $G(V, L, B)$，其中 V 和 L 为节点和链路集合，B 为链路容量。
对于连接请求 $r(s, d, b, b')$，s 和 d 为源宿节点，b 和 b' 为全部升级和部分升级容量。
输出：主路径 p_p 和备份路径 p_b，容量分别为 c_p 和 c_b。

1:	使用 k 条最短路径法找到工作路径 P_1。
2:	**for** 具有空闲容量为 c 的路径 $p \in P_1$。
3:	**if** $c \geqslant b$
4:	链路不相交和灾难不相交的约束下利用 k 条最短路径法计算备用路径的集合 P_2。
5:	**for** 具有空闲容量为 c' 的路径 $p' \in P_2$
6:	**if** 空闲容量 $c' \geqslant b$
7:	$p_p = p$, $p_b = p'$, $c_p = b$, $c_b = b$，并且请求 r 路径被成功建立。
8:	**end if**
9:	**end for**
10:	**end if**
11:	**end for**
12:	**if** 如果对 p_p 和 p_b 没有足够的容量
13:	使用 k 条最短路径法找到工作路径 P_1。
14:	**for** 工作和保护路径容量为 c 的路径 $p \in P_1$
15:	**if** $c \geqslant b$

（续表）

16:	对网络中所有的备用路径进行重路由。
17:	**if** 对于备用路径没有足够的资源
18:	链路不相交和灾难不相交的约束下利用 k 条最短路径法计算备用路径的集合 P_2。
19:	**for** 具有空闲容量为 c' 的路径 $p' \in P_2$
20:	**if** 空闲容量 $c' \geqslant b$
21:	$p_p = p$，$p_b = p'$，$c_p = b$，$c_b = b$，并且请求 r 路径被成功建立。
22:	**end if**
23:	**end for**
24:	**end if**
25:	**end if**
26:	**end for**
27:	**end if**
28:	**if** 工作路径或者保护路径未能分配给足够的资源
29:	请求 r 被拒绝
30:	**end if**

5.3.2.2　算法实现

保护的目的是当网络中发生多故障后，每条链路实际中有一个（无论是工作还是保护）路径是连通的。但是，保护路径由于需要满足和工作路径链路不相交及共享风险链路组不相交的条件，因此经常比工作路径长。尽管我们需要较长的保护路径来确保业务请求的可靠性，但是当网络交换机都在保护路径设置好时，保护资源已经被固定用于保护，无法对此类资源进行重新设置。而根据运行的经验可以知道，大多数多故障发生的概率极其小，由于保护资源经常空闲，并不能进行重新分配，这造成了资源的浪费。因此，在 BPRR 方案中，尽管在逻辑上预留了保护路径，使得业务请求可以抵御多故障，但是并不在物理网络中进行实质性的设置。因而，当网络中保护或者工作资源不足时，可以在逻辑层优化保护路径；当网络中多故障事件发生时，可以及时地获取逻辑层预留的保护路径信息，对业务请求进行保护。

5.3.3　实验架构及结果分析

将 BRPP 架构设计在 SDN 架构下进行组网实验。其物理层为 Mininet 软件，实现节点的仿真；控制器为 OpenDaylight（ODL）。应用层的控制器模块如图 5-14 所示，其中控制器通过北向接口（REST API）与用户连通。为了保证实验的真实性，使用如图 5-15 所示的 24 点美国拓扑图，每条物理链路的带宽为 20 Gbit/s，每个节点有一个交换机。根据多故障场景，我们考虑由大规模杀伤性武器（Weapons of Mass Destruction，WMD）对 10 个城市造成多故障的可能性[11]。多故障区域如图 5-15 中的圆圈所示。假设当一个故障发生后，其区域内所有的节点、链路都失效。

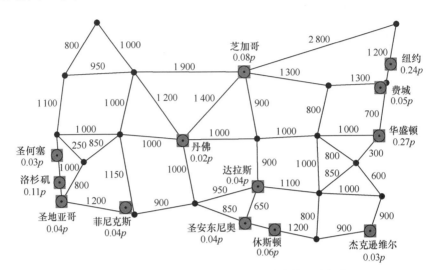

图 5-15　24 节点的美国拓扑（p 为多故障的风险概率）

在 ODL 中使用主动转发模式，也就是在一个流（Flow）开始前，已经设置了所有必需的流（假设业务请求从控制器中来）。这种模式也适用于基于逻辑保护的路径预留方案，在这个方案中，仅在工作路径失效后建立保护路径。BRPP 算法不断地迫使控制器收集链路和交换机的状态（正常、失效）信息。失效和正常的业务进行表 5-3 和表 5-4 的计算。

每条物理链路的带宽是 $2 \times OC$-192（20 Gbit/s），业务请求的带宽为 OC-6（~300 Mbit/s），OC-12（~600 Mbit/s）和 OC-24（~1.25 Gbit/s），它们服从 0.3:0.4:0.3 的分布。降级提供的带宽是全带宽的 50%。业务请求到达服务泊松（Poisson）分布，其到达速率为每分钟 1.7、2、2.3、3 和 3.3 个业务请求。每个业务请求的持续时间服从指数分布，其平均持续时间为 30 min，使得网络中业务请求的负载率为 50~100 Erl。使用 10 000 个业务请求在该拓扑上进行仿真，多故障事件发生的频率为 0.5×10^{-5} 个/分钟，其每个负面影响的持续时间为 90 min。

我们测试了以下 4 种方案。

① D-R，即使用 DSP 和 BR 算法的方案；

② ND-R，即不使用 DSP，而使用 BR 的方案；

③ D-NR，即使用 DSP，而不使用 BR 的方案；

④ ND-NR，DSP 和 BR 都不被使用的方案。

带宽阻塞率的结果是阻塞的带宽与总带宽之比。如图 5-16 所示，首先可以看到，在相同条件下采用降级保护的方案可以降低阻塞率；同样地，相同条件下采用重路由的方案也可以降低阻塞率。这是因为 DSP 和 BR 算法都可以减少保护资源的消耗。而仅采用 DSP 的算法阻塞率远小于仅采用 BR 算法的阻塞率,这是因为网络中重路由带来的资源减少更多[23]。

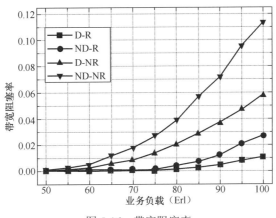

图 5-16　带宽阻塞率

5.4　本章小结

　　普通的点对点业务的工作路径和保护路径的带宽是固定的。当网络中没有足够的空闲资源来实现工作和保护时,则业务中断。但在实际网络运营中,由于故障发生的概率很小,对于一般性业务,可以压缩其保护路径的带宽,以减少网络阻塞率。

　　本章首先提出网络降级生存性的原理,阐述其发展规律。其次,将降级保护与弹性灵活光网络、数据中心等结合在一起,在带宽上改变调制格式,以减少网络资源消耗;在数据中心上,以内容连通性为约束,提高业务的抗毁能力;并且提出 MILP 模型和两个启发式算法。最后,将降级保护与重路由结合在一起,设计出两种启发式算法;并且设计出其基于 SDON 架构,利用逻辑平面实现动态保护的方案。

　　仿真结果表明,与传统不压缩的算法相比,本章所提出的算法可以有效地减少网络阻塞率;而所提出的架构可以实现动态的降级保护。

参考文献

[1]　SAVAS S S, HABIB M F, TORNATORE M, et al. Network adaptability to disaster disruptions

by exploiting degraded-service tolerance[J]. IEEE communications magazine, 2014, 52(12): 58-65.

[2] HUANT S, XIA M, MARTEL C U, et al. A multistate multipath provisioning scheme for differentiated failures in telecom mesh networks[J]. J. lightwave tech., 2010, 28(11): 1585- 1596.

[3] HABIB M F, TORNATOREB M, DIKBIYIK F, et al. Disaster survivability in optical communication networks[J]. Computer communications, 2013, 36(6): 630-640.

[4] ZHANG J, ZHU K, MUKHERJEE B. Backup re-provisioning to remedy the effect of multiple link failure in WDM mesh networks[J]. IEEE j. sel. areas commun., 2006, 24(8): 57-67.

[5] LUCERNA D, TORNATORE M, PATTAVINA A. Algorithms and models for backup re-provisioning in WDM networks[J]. IEEE/ACM trans. netw., 2010, 18(6): 1883-1894.

[6] BAO N H, HABIB M F, TORNATORE M, et al. Global versus essential post-disaster re-provisioning in telecom mesh networks[J]. J. opt. commun. netw., 2015, 7(5): 392-400.

[7] JINNO M, OHARA T, SONE Y, et al. Elastic and adaptive optical networks: possible adoption scenarios and future standardization aspects[J]. IEEE commu. mag., 2011, 49(10): 164-172.

[8] JINNO M, KOZICKI B, TAKARA H, et al. Distance-adaptive spectrum resource allocation in spectrum-sliced elastic optical path network[J]. IEEE commu. mag., 2010, 48(8): 138-145.

[9] JINNO M, TAKARA H, KOZICKI B, et al. Spectrum-efficient and scalable elastic optical path network: architecture, benefit, and enabling technologies[J]. IEEE commu. mag., 2009, 47(11): 66-73.

[10] SONE Y, WATANABE A, IMAJUKU W, et al. Bandwidth squeezed restoration in spectrum-sliced elastic optical path networks (SLICE)[J]. IEEE/OSA journal of optical communications and networking, 2011, 3(3): 223-233.

[11] DIKBIYIK F, TORNATORE M, MUKHERJEE B. Minimizing the risk from disaster failures in optical backbone networks[J]. IEEE/OSA j. lightwave techn., 2014, 32(18): 3175-3183.

[12] SGAMBELLURI A, PAOLUCCI F, CUGINI F. et al. Generalized SDN control for access/metro/core integration in the frame work of the interface to the routing system (I2RS)[C]//IEEE Globecom Workshops, 2013.

[13] GIORGETTI A, PAULUCCI F, CUGINI F, et al. Dynamic restoration with GMPLS and SDN control plane in elastic optical networks[J]. J. opt. commun. netw., 2015, 7(2): 174-182.

[14] ZHAO Y, HE R, CHEN H, et al. Experimental performance evaluation of software defined networking (SDN) based data communication networks for large scale flexi-grid optical networks[J]. Opt. express, 2014, 22(8): 9538-9547.

[15] MA C, ZHANG J, ZHAO Y L, et al. Bandwidth-adaptability protection with content connectivity against disaster in elastic optical datacenter networks[J]. Photonic network communications, 2015, 30(2): 309-320.

[16] WANG Y, MA C, LI X, et al. Node protection method with content-connectivity against disaster in disaster recovery center networks[C]//Proc. ICOCN, Suzhou, China, 2014.

[17] HABIB M F, TORNATORE M, LEENHEER M D, et al. Design of disaster-resilient optical datacenter networks[J]. Journal of lightwave technology, 2012, 30(16): 2563-2573.

[18] HABIB M F, TORNATORE M, MUKHERJEE B. Fault-tolerant virtual network mapping to provide content connectivity in optical networks[C]//Proc OFC, OTh3E.4, Anaheim, USA, 2013.

[19] JAIN S, KUMAR A, MANDAL S, et al. B4: experience with a globally-deployed software defined WAN[C]//Proc SIGCOMM, New York, USA, 2013: 3-14.

[20] YANG H, ZHAO Y, ZHANG J, et al. Cross stratum optimization of application and network resource based on global load balancing strategy in dynamic optical networks[C]//Proc OFC/NFOEC, JTH2A.38, Los Angeles, USA, 2012.

[21] WANG X, WANG L, HUA N, et al. Dynamic routing and spectrum assignment in flexible optical path networks[C]//Proc OFC/NFOEC, JWA55, Los Angeles, USA, 2011.

[22] WANG X, HUANG N, ZHENG X. Dynamic routing and spectrum assignment in spectrum-flexible transparent optical networks[J]. Journal of optical communications and networking, 2012, 4(8):603-613.

[23] SAVAS S S, MA C, TORNATORE M, et al. Backup re-provisioning with partial protection for disaster-survivable software-defined optical networks[C]// Photonic Network Communications, 2015.

第6章
跨层虚拟化生存性映射技术

随着互联网的高速发展，其网络体系架构也暴露出多种多样的问题，比如网络结构过于臃肿复杂，资源之间的组织调度能力差，网络资源的利用效率低下等。网络光层虚拟化实现机理技术被认为是解决互联网僵化问题的关键技术之一。本章对光网络虚拟化技术进行研究，并在此基础上，根据虚拟光网络生存性的需求，提出新的跨层虚拟化生存性架构设计与技术方案，并针对这些方案进行了理论分析和仿真验证。

🔍 6.1 光层虚拟化的需求

文献[1]对网络虚拟化作了如下定义：一个支持虚拟化的网络环境能够允许多个虚拟网络共同存在于一个物理基板（物理网络）上。每一个存在于虚拟环境中的虚拟网络都是由一些虚拟节点和虚拟链路集合组成，也就是说，虚拟网络是物理网络资源的一个子集。通过网络虚拟化，用户可以获得满足自己需求的网络资源，而不用考虑具体的底层物理网络环境。网络虚拟化技术不仅能大大提高网络资源的利用效率，而且虚拟网络之间的相互独立性，使得网络用户具有更好的安全保证[2,3]。

早期的关于网络虚拟化做法是将不同地理区域的通信节点通过端到端的独立通信管道连接起来，形成一个私有的虚拟专用网络（Virtual Private Network，VPN）。传统的 VPN 业务多指为用户提供端到端的可靠通信保障，从而满足用户之间通信的需求。典型的虚拟专用网络应用示例，如二层/三层 VPN 技术。随着分布式计算的发展与应用，用户已经不再满足于点到点的通信需求，而是转向需求点到多点甚至多点到多点的虚拟网络服务。虚拟网络服务是在 VPN 的基础上发展和演进而来，其主要特点是指网络运营商将自己的物理网络设施通过抽象、分割或聚合形成多个相互独立的虚拟子网，并将它们作为一种服务产品提供给上层用户[4]。图 6-1 给出了虚拟网络结构示意。

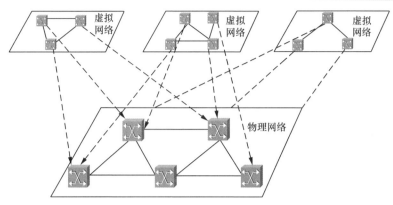

图 6-1　网络虚拟化示意

光网络作为未来传送网络的发展趋势，是面向数据中心互联网络的关键技术，光网络的虚拟化也成了最近几年的研究热点[5]。不同于二层/三层的电层虚拟化技术，光网络虚拟化受限于自身网络资源和传输特性的物理限制[6]，例如波长连续性限制，即端到端的业务需要同一个物理波长进行传输（不考虑波长变换的情况）。还有光纤信道的物理损伤限制，不同速率不同调制格式的光信号在光纤传输过程中可能产生串扰。

对于传统 WDM 网络虚拟化的研究，有些研究小组从 WDM 理论模型和控制管理体系结构探讨了光网络虚拟化问题，并取得了部分研究成果。然而 WDM 网络虚拟化存在着如下缺陷：第一，固定栅格模式导致频谱资源利用率低下；第二，刚性的管道和单一的调制格式很难支持灵活多样的虚拟网络业务；第三，相邻的波长信道之间在传输过程中容易产生串扰，很难实现不同虚拟网络之间的物理隔离。

光正交频分复用（Optical Orthogonal Frequency Division Multiplexing, OOFDM）技术通过采用自适应的数据传输速率及多级的调制格式能够有效地补偿物理层损伤，是频谱灵活光网络的关键技术[7]。在 OOFDM 传输系统里，高速信号被分解成多个低速信号并通过一系列连续的正交子载波进行传输。OOFDM 信号具有正交特性，所以不同的信号之间本身就具有物理资源的共享能力。而且 OOFDM 技术可以将子载波分为多个物理上独立的正交子集，每个正交子集可以采用不同的调制格式和传输速率，从而大大增加了业务的灵活性。综上所述，光正交频分复用技术实现了光网络中子波长级的物理资源共享，为网络虚拟化能够在光层上实施提供了充分的技术支持。

6.2　光层虚拟化的实现机理

光网络资源可以分为光交换资源和光链路资源，光网络支持不同的交换粒度，如光纤、波长以及子波长，由于光交换节点是由光链路连接起来的，因此，光链路应该支持光节点所支持的交换粒度。

6.2.1 OXC 和 ROADM 的虚拟化

OXC 和 ROADM 支持不同波长等级的光信号交换，通常来说，一个入口单一波长信号可被转换为另一波长的输出端口信号，不同的设备提供不同的交换功能。在这些设备中，一个单一的波长（光通道）代表最高的粒度级别。这些基于 OXC 或者 ROADM 的虚拟设备上的基本元素是光信道（波长）和接口，两种类型的 OXC/ROADM 设备可能是不同的：光交换机和电交换机。在包含传送设备的网络中，从物理设备上分割出来虚拟设备时必须考虑波长连续性的限制。在光电转换的环节，不透明的交换可以修改光信号，特别是具备转换波长信号的能力。这又为这类设备的虚拟化引入了额外的复杂性，OXC/ROADM 设备的虚拟化如图 6-2 所示，可分为资源的分割与聚合[8,9]。

（1）分割

光节点资源分割包括将 OXC/ROADM 分割为更小的单元，通过将不同的端口绑定到不同的虚拟单元，经过扩展的 OpenFlow 协议可以分类管理各个端口，以便隔离每个逻辑单元。资源分割如图 6-2 所示。

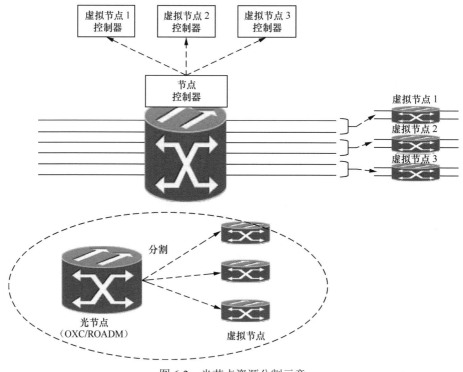

图 6-2　光节点资源分割示意

（2）聚合

光节点的聚合包括将多个物理 OXC/ROADM 当作一个超级节点，这个节点对上层呈现为一个单一的节点；也包括聚合的节点所连接的网络，如图 6-3 所示[10-13]。

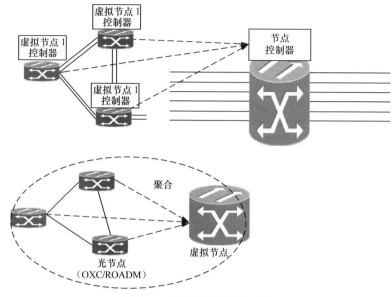

图 6-3　光节点资源聚合示意

对于 OXC/ROADM 上的虚拟化而言，其最重要的属性有以下几点。

① 端口数量和波长数量。

② 每波长的波特率和交换速度，这可以决定这些虚拟 OXC/ROADM 设备的性能和服务质量。

③ OXC/ROADM 的结构，不同的 OXC/ROADM 结构会导致不同的物理层损伤，甚至会影响全局的输出性能和灵活性。

④ 光学通信限制，这些限制会在操作 OXC/ROADM 时出现，它们会影响同一物理节点上虚拟 OXC/ROADM 隔离和操作独立性的因素，这些因素包含以下几个方面。

• 光纤类型，单模或多模；

• 可用频谱范围；

• 最大和最小光信号输入/输出功率；

• 物理层的损伤，包括线性的和非线性的影响，例如 PDL、PMD、CD 等。

6.2.2　子波长交换的虚拟化

当前，已经有一些技术开始使用子波长，例如光时分复用（Optical Time

Division Multiplexing，OTDM）、OOFDM、光突发交换（Optical Burst Switching，OBS）和光包交换（Optical Packet Switching，OPS）。所有这些技术都缺乏成熟性，因此在光网络虚拟化上，这些技术的潜力还有待挖掘，在这些技术中，OOFDM是最具有前景的、用来在子波长带宽粒度上做光网络虚拟化的候选技术，在OOFDM 技术中，数据是通过一些数据率相对较低的副载波来进行传输，OOFDM技术基于这些正交载波传输，因此成为一个可以使不同用户动态分享传输资源合适的技术。OOFDM 允许对网络基础设备的第一层进行隔离和分割，这是光网络虚拟化的最关键因素[14,15]。

WDM 光链路由一些可以承载多个独立波长信道的光纤组成，反过来，每个波长信道通常可以承载 10 Gbit/s、40 Gbit/s、100 Gbit/s 或者更高，网络资源的虚拟化旨在将从子波长到超波长范围的不同粒度的可用带宽资源池化管理。子波长适用于数据速率小于光链路波长信道数据速率时，超波长适用于数据速率大于光链路波长信道数据速率时，这个情况下，端到端提供服务可以从传统 WDM 系统的、依照链路提供服务的机制中分离开来，同时会支持不同类型和速率的服务，从子波长到波长、从波长到光纤、甚至是混合光纤速率，这样光链路不同的虚拟化方案如图 6-4 所示。

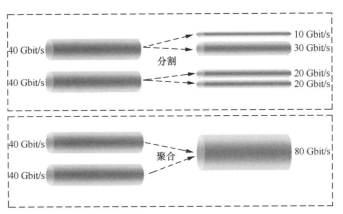

图 6-4　光链路资源分割与聚合示意

链路资源分割（1:N）：是将链路的传输资源分割成为更小的单元，光纤资源分割用 DWDM 技术非常容易。在 DWDM 技术中，光链路可以被分割为独立的波长信道，高带宽粒度允许做到更高效的带宽利用率，这可以通过使用子波长缩小波长带宽单元，在高数据速率的网络中，对子波长交换的粒度要求更加严格。例如，在数据速率大于 100 Gbit/s 的情况下，OOFDM 是个可行的方案。

链路资源聚合（N:1）：当在数据速率对链路的要求大于单个物理信道的承载能力后，便需要做资源聚合，就光纤介质而言。通过一些技术手段，例如空分复用（Space Division Multiplexing，SDM），可将多根光纤可以聚合成一根。而就光纤的波长而言，通过超波长技术可以将多个物理波长信道聚合成一个信道来满足高数据速率的要求。当超波长由多个连续的波长组成时，它也被称作波带，这些光链路或部分链路可以同光节点一起被虚拟化，对外呈现为一个单一的网络服务资源。

对于光链路虚拟化而言，较为重要的几个因素为：每个链路的总容量、每条链路上的光纤数量、每条光纤上波长数量、链路支持的粒度、不同粒度下的比特率。

物理层损伤限制：例如，与光传输链路相关的 CD PMD 都可以造成物理上的信号损伤。

在 IP/MPLS over WDM 网络中，结合 GMPLS 模型，一系列协议扩展和应用实践最近被提出，这也有助于推进光通信域的虚拟化。它允许多层激活、使用虚拟拓扑、带标签信号跨层技术、路由更新以支持虚拟节点处理等。其他控制框架中提出的原则也可以在这里使用。例如，ESnet 和它们的按需安全电路提前预订系统（OSCARS）、GEANT 与它们的跨异构网络自治带宽分配系统（AutoBAHN）使用了开放网格论坛网络服务接口（OGF NSI）规范来开发他们自己的工具，根据多个域的服务需求，管理高容量光通信带宽。欧盟的 FP7 项目，例如，动态基础设施服务通用结构（GEYSERS）、互联网与电信等级网络自动化管理系统（ONE）、OFELIA（OpenFlow）方面在欧洲的一个网络组织正在研究光学网络基础设施中的虚拟化。OFELIA 在不同光网络控制机制和虚拟化研究的基础上，成功地实现了基于 OpenFlow 的试验平台，并先后在国际上进行展示和验证，引入了光层扩展以处理光学层约束。开放网络基金会（ONF）也成立了一个新的传输组来研究一个可以将 OpenFlow 支持到光域的标准方法。

6.2.3　网络资源抽象

网络资源抽象主要包含两个方面：物理网络资源虚拟化和光谱资源的虚拟化。

（1）物理网络资源虚拟化

虚拟化最大的特色就在于物理硬件资源的抽象，这也是虚拟化的难点，在计算资源上，虚拟化技术已经相当成熟，例如计算资源、存储资源的抽象，典型案例为虚拟机的使用，抽象的底层计算资源和存储资源可以由用户按需要申请所需的资源，多个操作系统和虚拟机同时运行在同一个物理主机上，共享底层的物理硬件资源，而不必关心底层的物理硬件配置情况[16-19]。

如图 6-5 所示，为了虚拟化物理网络中的基础设备，对网络元素进行适当的抽象是必要的，这里的抽象方法定义了 3 个不同类型的虚拟化网络元素：虚拟主机（VHost）、虚拟节点（VNode）、虚拟链路（VLink）。网络中的物理网络资源都会被映射到一个或多个这样的虚拟网络元素。

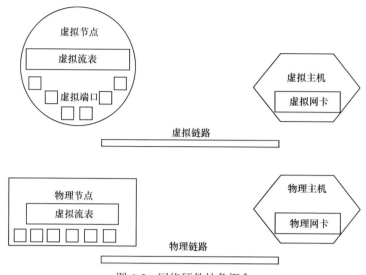

图 6-5　网络硬件抽象概念

　　一个 VHost 相当于虚拟机的概念，虚拟机已经被广泛应用在现在的数据中心中，VHost 与 IT 资源虚拟化相关。有关网络虚拟化，这里有两种类型的虚拟元素。一方面，一个 VNode 包含多个虚拟端口（VPort），这些虚拟的端口共同决定了一个虚拟节点的属性。从功能角度而言，虚拟节点本质上是一个包含有流表的网络元素，那么这个流表即是虚拟流表（VTable）。每个进入的数据分组都要根据这些虚拟的流表去找到正确的虚拟端口。另一方面，一个虚拟链路是一个属于两个虚拟节点上虚拟端口之间点到点的连接。实际上，虚拟链路是同一虚拟层面上两个直接相连的虚拟端口之间的逻辑链路。这就意味着可以通过一些物理的设备和链路扩展虚拟链路。除此之外，一条虚拟链路还有一些其他的属性，例如带宽、QoS 参数等[20]。

　　在网络资源虚拟化上，传统的分组交换网络本质上就带有虚拟化的特性。当路由器和交换机连接起来时，通过共享的链路资源和交换资源池。任意两点之间都可以按带宽要求建立相应的链路。网络资源的分割通过使用二层和三层的虚拟化技术，例如虚拟本地网络（VLAN）和 VPN，然而我们希望通过虚拟化技术在一个物理网络上建立另一个虚拟拓扑，完全做到网络资源与硬件设备的解耦，那么光网络的虚拟化是必不可少的。

　　对比而言，传统光网络和底层的物理基础（波长）紧密地联系在一起。这就导致在光网络方面不可能像 IP 网络那样进行虚拟化。例如，由于光网络是在一个固定频率范围内依靠固定速率的光波分复用信号束来通信的，同时这个单一的传输技术并不考虑实际情况下的流量需求大范围波动的情况，它只是提供有一个大粒度的光波长带宽，因此，当前光网络的资源分配策略是：不论用户是否可以用到整个波长的全部容量，它都会将一个波长资源全部分配给一个光链路。当前，灵活、自适应的带宽分配光网络需要使用可变带宽（Bandwidth-Variable，BV）的光交换机和基于电子连续性技术的调制变换器。这样的网络被称为是弹性光网络，同时期望以有效利用光谱的方法打造高度灵活和混合速率的光网络。因此，弹性光网络可以承担光网络虚拟化的技术基础[21-23]。

（2）光谱资源的虚拟化

在弹性光网络中，根据网络流量和传输距离，通过分割所需的光谱资源，适当地调整光带宽是一种灵活的资源分配方案，如图 6-6 所示。例如，50 GHz 和 100 GHz 光谱被分配到中距和长距上 100 Gbit/s 信道；200 GHz 和 100 GHz 光谱被分配到中距和短距上 400 Gbit/s 信道。需要强调的是，在弹性光网络中，光谱资源的分配是在一个路由上。因为在传统的光通信系统中，信道的空间是固定的。网络管理员不需要区分光信道和在一个路由上分配的光谱资源。他们只需要区分每一个端到端光连接的中心频率，对比而言，中心频率和光谱资源分配的带宽在光网络中对于一个光链路是不同的参数，例如光信道本身，网络管理员应该知道端到端的光谱资源在弹性光网络中，换一种方式说，一个光信道和底层的物理资源（光谱）应该解耦合。在这里，我们指端到端的光谱资源分配是光信道指定的一些参数，包括中心频率和带宽，或者低频率和高频率边界。另外，为了在弹性光网络中支持合适的光谱分配策略，ITU-T 已经更新 G694.1 建议来包含基于 Frequency Slot 属性的灵活栅格选项。

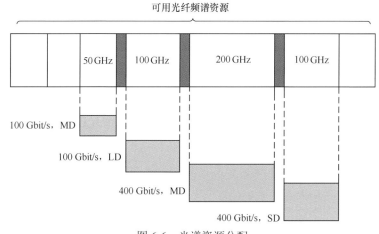

图 6-6　光谱资源分配

6.3　考虑生存性的光网络虚拟化映射技术

为了解决光网络虚拟化带来的生存性问题，针对光网络虚拟化的能效问题，

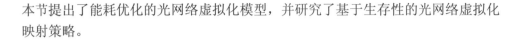

本节提出了能耗优化的光网络虚拟化模型，并研究了基于生存性的光网络虚拟化映射策略。

6.3.1　多层虚拟网络映射算法

假设基层的网络 $G(V, E)$ 被分割为 N 个域，每个域的拓扑标记为 $G_i(V_i, E_i)$，$1 \leq i \leq N$，其中，V_i 标记是指一束节点位于 i 域内，V_i^{border} 标记的是 i 域内的边缘节点（连接两个域的一条链路的两个节点），E_i 标记的是 i 域内的一束链路，连接两个域的链路标记为 E_i^{border}。可以认为每个域是一个节点集合，将这些节点集合标记为 V_{meta}，而一束由域 i 到域 j 的边缘链路由 E_{ij} 来表示，这些链路聚合成一个单一的链路（Meta-Link），将这些 Meta-Link 和 Meta-Network 的集合标记为 E_{meta} 和 $G_{meta}(V_{meta}, E_{meta})$[23]。

这个多层虚拟网络映射算法中，包含一个全局的虚拟网络映射算法和域内的虚拟网络映射算法。全局的映射算法可以使用诸如 E_i^{border}、V_i^{border}、$r(u, v)$ 和 $w(u, v)$ 之类的信息，而域内的映射算法可以使用有关域内的信息，比如域内拓扑 $G_i(V_i, E_i)$、$r(u, v)$ 和 $w(u, v)$，通过这些信息，全局虚拟映射算法和本地虚拟映射算法可以从不同的视角掌握底层网络的信息，前者包含两个高水平的视角：元网络和路径向量网络。其中，元网络代表的是不同域内的连接，如图 6-7 所示；而路径向量网络是同一域内两个节点的逻辑连接，如图 6-7（d）所示，后者的视角是一个基础网络拓扑的子图，也就是域内拓扑图，对于一个虚拟网络的请求，全局映射算法使用 VNM_LP 在路径向量网络上解决一个虚拟网络映射的问题。对于全局映射算法而言，一个具有挑战性的任务是，确定路径向量的网络中带宽的容量和逻辑连接的权重，算法本身是不知道域内拓扑信息的，因此，要解决这个问题，需要域内的映射算法模块来分配带宽，并计算逻辑链路上的权重，由于这个方案只是将虚拟网络映射到逻辑向量网络上，最终要映射到基础网络上还需要全局映射算法使用 VNM_LP 算法来完成。这里域内映射算法的处理流程被称为路径映射，也就是域内映射算法在基础网络上为逻辑向量网络计算路径，域内映射算法与全局映射算法的关系如图 6-7 所示。

当网络收到一个虚拟网络请求时，这个请求会被分为几个域内的虚拟网络请求和一个域间的虚拟网络请求，如图 6-7（b）所示，前者指的是请求所在的虚拟链路上的节点都在同一个域内，后者指的是每个虚拟链路上的节点在不同的域内，例如，图 6-7（b）展示了一个虚拟请求 {(a1, a3), (a2, a3), (a3, a4), (a3, a5), (a4, a5)}，这个请求会被分为域内的请求((a3, a4), (a3, a5), (a4, a5))和域间的请求((a1, a3), (a2, a3))。对于域内的请求而言，全局映射算法会将其发送至该请求可以被其解析器正确处理的域内映射算法模块，因此，我们主要关注处理域间虚拟网络请求的流程。为了阐述更加清晰，我们先做 3 个定义。

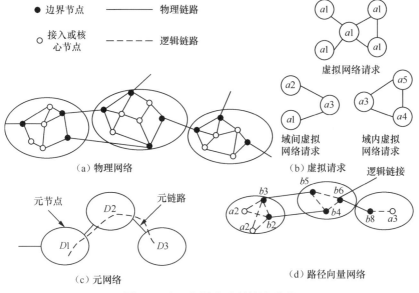

图 6-7　全局与域内映射算法说明

① 元请求（Meta Request）：如果源节点和目的节点都在一个域内，所有的虚拟链路被抽象为一个单一的连接，这样的连接上的请求被定义为元请求，例如，在图 6-7（b）中，对于(a1, a3)、(a2, a3)连接，a1 和 a2 属于域 D1，a3 属于域 D3，因此（D1, D3）就是一个元请求。

② 有效域（Available Domain）：可能被虚拟网络映射到的域被称为有效域。

③ 有效域的边缘节点（Available Border Node）：指的是连接两个有效域的边缘节点。

对于域内的虚拟网络请求，全局虚拟网络映射算法的主要计算步骤如下。

① 在元网络中找到每个元请求的最短路径，以确定有效域，这种情况下，最短 k 路径需要考虑的域即有效域，为了将有效域的范围最大可能地减少，最短路径的 k 值应该慎重选择。

② 确定了有效域之后，全局映射算法将计算一个路径向量网络，用 $G_{path}(V_{path}, E_{path})$ 表示，其中，V_{path} 包括域内虚拟请求的节点和有效域上有效的边缘节点，E_{path} 由有效节点虚拟网络请求的网络边缘组成的网络边缘构成。例如，在图 6-7（d）中，V_{path} = {b2, b3, b4, b5, b6, b8, a1, a2, a3}，E_{path} = {(b2, b3), (a1, b2), (a1, b3), (a2, b2), (a2, b3), (b4, b5), (b4, b6), (b5, b6), (a3, b8), (b3, b5), (b2, b4), (b6, b8)}。

③ 全局虚拟化映射模块向域内虚拟化算法模块发送一个消息，计算路径向量的路径权重和带宽，当接收到反馈消息后，全局虚拟化映射算法模块处理路径向量网络中的 VNM_LP，同时，将解决方案发送给域内虚拟化映射算法模块，在本

域内计算映射路径。

6.3.2　面向能效优化的虚拟光网络生存性技术

1. 虚拟光网络能效问题

为了支持弹性的云服务，发展绿色光网络，文献[16]研究了光网络的能耗和网络成本问题，通过减少光元件的使用率，特别降低光转发器和光再生器的使用数量，提升光网络的能耗效率。同样，文献[24]也研究了光网络的能量最小化能耗问题，通过减少光放大器、光转发器和光再生器的数量，降低网络的能量消耗。文献[25]考虑了网络的生存性问题，评估了光网络的成本和能效问题。文献[26]研究了光与数据中心互联问题，实现虚拟网络的设施与物理基础设施的融合问题，保证虚拟光网络设施融合到物理基础设施的安全性和可恢复性，减少总的能量消耗。

一般地，研究光网络虚拟化的能耗问题，通常考虑图 6-8 所示的虚拟光网络映射架构，一个虚拟光网络的请求是由表示光开关的虚拟节点和表示带宽要求的虚拟链路组成，而光层结构通常由光的物理设备和光纤组成的频谱灵活光网络构成。这里物理光网络主要的能耗元件是在每个物理节点包含的光转发器和光再生器。为了减少虚拟化光网络的能耗，可以通过减少光转发器的使用数量或光再生器的使用数量，实现这个优化目标。为了降低虚拟光网络映射过程的能量消耗，需要引入可切片化的光再生器和可切片化的多流光转发器，并可以通过不同的线路速率和调制格式传输业务。一种多流光转发器（MF-OTP）[27]可切片成多个虚拟子光转发器；而光再生器[28,29]由多个虚拟子光再生器组成，每个虚拟子光再生器由频谱选择性子信道的光再生器阵列组成。在虚拟光网络映射到物理光网络中，虚拟光网络的虚拟链路需要在物理网络中配置工作路径和保护路径，实现虚拟链路映射的生存性能。

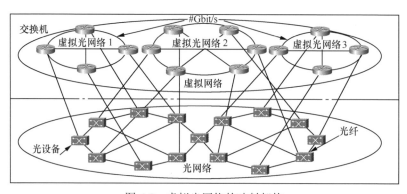

图 6-8　虚拟光网络的映射架构

2. 能效优化的虚拟光网络生存性模型

（1）物理光网络的生存性架构设计

基于网络元件可切片的思想，光再生器可看作是由一系列频谱选择信道的子光再生器（SSR）组成。多流光转发器可以描述为多个虚拟多流的子光转发器（VS-MF-OPTS）。由于光路径的物理损伤存在，如果某条路径超过某种线速率最大传输距离时，在中间节点需要配置相应的光再生器。假设每一个频谱间隙需要配置一个频谱选择信道的子光再生器。在某种线速率下，若一条频谱光通道需要提供多少个频谱间隙数，在这条频谱通信上某个节点上就需要多少个 SSR。对于 VS-MF-OPTS，在某种线速率下，若一条频谱光通道需要提供多少个频谱间隙数，在源节点和宿节点上就提供与频谱间隙一样数量的 VS-MF-OPTS。

图 6-9 所示为 SSR 和 VS-MF-OPTS 所组成的物理光网络生存性架构。从左边输出业务流到右边输入业务流的过程中，网络中采用了不同的线速率传输业务：40 Gbit/s、100 Gbit/s 和 400 Gbit/s。由于采用不同的频谱宽度、调制格式承载这些线速率，它们最大传输距离不一样，需要在中间节点配置的光再生器数量也不一样。由于考虑了物理光网络提供虚拟光网络的生存性，对于某个业务流，假设需要计算工作路径和专用保护路径，以提供快速恢复的故障业务流。例如，信道 A（Channel A）支持的线速率为 40 Gbit/s，采用的调制格式为 DP-QPSK，频谱宽度为 25 GHz，这里计算了链路不相交的一条工作路径和一条专用保护路径，以支持从左边输出业务流到右边输入业务流。假设每一个频谱间隙的频谱宽度为 12.5 GHz，40 Gbit/s 的业务流需要两个频谱间隙数，若在工作路径和保护路径上的一个中间节点上需要配置光再生器，这个业务流在工作路径和保护路径上各配置 4 个虚拟多流子光转发器（源节点和宿节点各两个 VS-MF-OPTS），中间节点上需要配置两个频谱选择信道的子光再生器（即两个 SSR）。因此，这里总共需要配置 8 个 VS-MF-OPTS 和 4 个 SSR。同样，对于其他线速率频谱通道，也可以计算需要的 VS-MF-OPTS 数量和 SSR 数量。由此看出，基于不同数量的频率间隙，连续一系列 VS-MF-OPTS 组合可以提供各种不同线速率。由于光的传输最大距离约束，某些中间节点需要配置连续一系列 SSR 组合来提供光信号的再生能力。

对于一个 VON 请求，每一条虚拟链路需要映射到物理光网络的两条不相交的工作路径和保护路径，因此，网络总能耗等于物理光网络中工作路径和保护路径的能量消耗总和。这里只考虑虚拟多流光转发器和可切片的光再生器能量消耗（Energy Consumption，EC）问题，因为这两种网络元件与网络中传输的线速率和最大的传输距离有关。网络总能耗包含了光转发器的能耗和光再生器的能耗。第一，一条由多个连续 VS-MF-OPT 组成的光路径的能量消耗，是由传输速率和能量开销决定的[30]，它可以用式（6-1）表示，其中，$E_{OPT}(W)$ 代表光转发器总能量消耗（W），$\psi_{VS\_MF\_OPT}$ 表示一条频谱光路传输的业务带宽，$\eta=1.683\ W/Gbit\cdot s^{-1}$

和 91.333 W 分别表示单位 Gbit/s 业务带宽消耗的能量和每个 VS-MF-OPT 的额外能量开销。第二，一条频谱光路的光再生器总能量消耗可以用式（6-2）表示，其中，N_{SSR} 表示 SSR 的数量，每个 SSR 的能量消耗为 μ =100 W，而参数 α=25 W、50 W 和 75 W 为不同线速率 40 Gbit/s、100 Gbit/s 和 400 Gbit/s 的额外能量开销。这里对文献[31]中提出的光再生器公式进行扩展，可得到不同线速率的单位能量，见表 6-1。

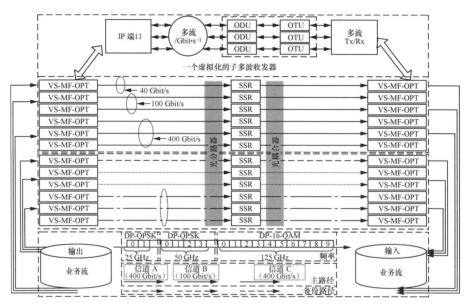

图 6-9　SSR 和 VS-MF-OPT 组成的物理光网络生存性架构

表 6-1　在不同线速率下的网络配置

线速率（Gbit/s）	频谱带宽（GHz）	调制格式	可达性（km）	子波转发器（W）	子波再生器（W）
40	25	DP-QPSK	1 800	159	225
100	50	DP-QPSK	2 000	260	450
400	125	DP-16-QAM	1 500	765	1 075

$$|V| \qquad (6\text{-}1)$$

$$E_{SSR}(W) = \mu \cdot N_{SSR} + \alpha \qquad (6\text{-}2)$$

（2）光网络虚拟化的网络模型

用图 $G^P(V^P, E^P, F^P)$ 表示一个物理的光网络，其中，V^P、E^P 和 F^P 代表物理光网络的物理节点集合、物理链路集合和每条光纤上可用的频率间隙数。一组虚拟光网

络，即 $G^v(V^v, E^v, B^v)$，被映射到给定的物理光网络 $G^P(V^P, E^P, F^P)$ 上。$G_i^v(V_i^v, E_i^v, B_i^v)$ $\in G^v(V^v, E^v, B^v)$ 表示第 i 个虚拟化光网络，其中，V_i^v、E_i^v 和 B_i^v 分别表示第 i 个虚拟光网络的虚拟节点集合、虚拟链路集合和虚拟链路上 $|B_i^v|$ 的业务带宽需求。$G_i^v(V_i^v, E_i^v, B_i^v)$ 中的虚拟节点 V_i^v 通过 $M_V(f: E_i^v \to V^P)$ 映射机制映射到光网络的物理节点，虚拟链路 E_i^v 通过 $M_E(f: E_i^v \to \{P_w^P, P_b^P\})$ 映射到一组工作路径和专用的保护路径上，其中，P_w^P 和 P_b^P 代表物理光网络中的一组工作路径和专用的保护路径。这里用到了两个假设：① 一个虚拟光网络的虚拟节点可映射到任何光网络的物理节点，并且每一个虚拟节点只能映射到一个物理节点上；② 物理链路上有足够的频率间隙数量。

对于每个虚拟光网络，需要找到它的节点映射及其链路映射，确保该虚拟光网络映射到物理网络的能量消耗最小。这里确保每个虚拟网络节点只能映射到一个物理节点上；对于每条虚拟链路，在物理光网络中提供一条工作路径和一条保护路径，以保证虚拟链路在物理网络的生存性，并提出一种可生存性光网络虚拟化映射算法。

3. 能效优化的虚拟光网络生存性映射方法

（1）最小能量的子矩阵映射方法

为了降低虚拟光网络映射到物理光网络的复杂性，同时提高网络的能量效率。这里提出了一种创新性的虚拟光网络化映射方法，它称为单位能耗（Unit-Energy，UE）子矩阵的映射方法，它可以分为以下 3 个子问题。

① 全空间矩阵 **UE**：它是由所有物理节点对构成的 $|V^P| \times |V^P|$ 维空间。在全空间矩阵 **UE** 中的每个矩阵元 $UE_{j,k}(W/lightpath)$ 表示每条光路的单位能耗，这取决于从源节点 j 到宿节点 k 的工作路径和保护路径的距离大小（它依赖于光转发器数量和光再生器数量），这里的 $j, k \in V^P$。在 **UE** 中，一个矩阵元 $M_{j,k}$ 代表从物理节点 j 到物理节点 k 的工作路径和保护路径的单位能量消耗，这里 $j, k \in V^P$ 表示。通过计算每一物节点对的矩阵元 $M_{j,k}$，可以获得全空间的单位能量消耗矩阵 $\boldsymbol{M}_{V^P,V^P}^P$，它的维空间是 $|V^P| \times |V^P|$。如图 6-10（a）所示，由所有矩阵元构成的一个完全连接图，当 $j=k$ 时，$M_{j,k}=0$；当 $j \neq k$ 时，$M_{j,k}>0$。在这个完全连接图中，连接两个节点之间边的权值代表矩阵元的单位能量消耗。

② 最小单位能耗子矩阵 **UE_S**：为了使虚拟光网络映射到物理光网络的能量消耗最小，在全空间矩阵 **UE** 中，即 $\boldsymbol{M}_{V^P,V^P}^P$，需要找到一个与虚拟光网络节点数相同维度的子矩阵 **UE_S**，它保证了所有取出矩阵元的数值和最小。这个子矩阵定义为它的维度空间是 $|V_i^v| \times |V_i^v|$，这里的 $|V_i^v|$ 表示第 i 个虚拟光网络的虚拟节点集合。从全空间矩阵 $\boldsymbol{M}_{V^P,V^P}^P$ 中取出一个子矩阵 $\boldsymbol{M}_{V_i^v,V_i^v}^S$，这个子矩阵保证了所取矩阵元的和是最小，即最小化 $\sum_{j \in |V_i^v|} \sum_{k \in |V_i^v|} \boldsymbol{M}_{j,k}^S$，如图 6-10（b）所示。这个子矩阵就是第 i 个虚拟光网络映射到的物理子网络，与虚拟光网络节点数一样的完全连接子图。

找到这个子矩阵后，把第 i 个虚拟光网络 $G_i^v(V_i^v, E_i^v, B_i^v)$ 映射到这个单位能耗的子矩阵中。

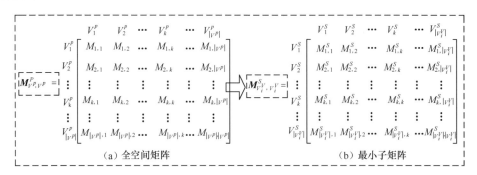

图 6-10　单位能耗的全空间矩阵和最小单位能耗子矩阵

③ 最大带宽对最小单位能耗映射方法：在虚拟光网络中，可以按业务带宽需求的大小，对虚拟链接进行降序排序，然后把它们映射到最小单位能耗的子矩阵中，即通过匹配虚拟链路的最大带宽需求与最小值矩阵元，直到把所有虚拟链路都映射到子矩阵 $M_{V_i^v, V_i^v}^P$ 中，然后计算出虚拟网络映射到物理网络的消耗总能量。下面举一个例子说明全空间矩阵 **UE** 如何获取最小子矩阵 **UE** 和如何把虚拟光网络的虚拟链路映射到物理网络。

图 6-11（a）所示为 6 个物理节点的光网络，假设这个物理光网络的全空间矩阵 **UE** 如图 6-11（b）所示，它也可以用图 6-11（c）所示的完全连接图表示。如果虚拟光网络为图 6-11（f），它是由 3 个虚拟节点和 3 条虚拟链路组成的网络，它们的带宽需求按从大到小排列，即 500 Gbit/s($V_3^V - V_2^V$)、300 Gbit/s($V_1^V - V_3^V$) 和 200 Gbit/s($V_1^V - V_2^V$)。因为虚拟光网络有 3 个虚拟节点，所以需要在图 6-11（b）中找到最小单位能耗子矩阵，使得这个子矩阵中所有矩阵元的和最小，如图 6-11（d）所示。这里子矩阵的物理节点集合是 $\{V_2^P, V_3^P, V_4^P\}$，也可用集合 $\{V_2^S, V_3^S, V_4^S\}$ 表示。因此，这个最小单位能耗子矩阵如图 6-11（e）所示。基于最大带宽对最小单位能耗映射方法，可以分别把虚拟链路集合 $\{(V_3^V, V_2^V), (V_1^V, V_3^V), (V_1^V, V_2^V)\}$ 映射到物理链路集合 $\{(V_3^S, V_4^S), (V_2^S, V_3^S), (V_2^S, V_4^S)\}$ 中。当虚拟光网络（图 6-11（f））映射到物理光网络（图 6-11（e））后，利用式（6-3）可以计算虚拟网络映射后的总能量消耗。

$$EC = \sum_{i=0}^{|E_i^v|} \pi_i \cdot UE_i \tag{6-3}$$

$|E_i^v|$ 和 π_i 分别表示第 i 个虚拟光网络的虚拟链路数和第 i 条虚拟链路需要的频谱通道数，即 $\pi_i = \lceil \psi/r \rceil$，其中，$\psi$ 和 r 分别表示第 i 条虚拟链路的带宽需求和传输线速率。UE_i 是最小单位能量子矩阵的第 i 个矩阵元。

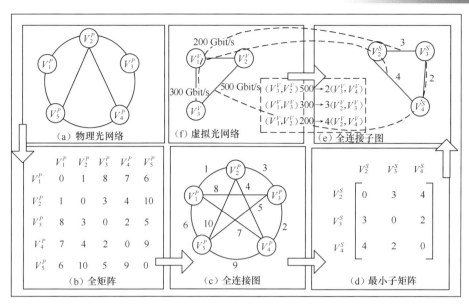

图 6-11　虚拟光网络最大带宽对最小单位能耗的映射方法

（2）生存性能量感知映射方法

可切片的光再生器和虚拟多流的子光转发器的使用数量取决于工作路径和保护路径的距离大小，它以公里作为度量。虚拟光网络生存性映射的能耗取决于使用再生器和转发器的数量以及虚拟链路的带宽要求大小。为了有效降低虚拟光网络映射到物理光网络的能量消耗，需要最大限度地减少虚拟网络映射到物理网络的传输距离，以减少使用可切片的光再生器数量。这种映射方法称为生存性能量感知（Survivable Energy-aware Approach，SEA）映射方法，它分为 3 个步骤。首先，运行 Suurballe 算法来计算所有节点对的工作路径和保护路径，确保每个节点对总的传输距离最短。考虑在某种传输线速率下，可以计算出每个节点对每条光路的单位能耗。计算出所有节点对的单位能耗后，就可以构成 $|V^P| \times |V^P|$ 维空间的全空间矩阵 $\textbf{\textit{UE}}$。其次，在这个全空间矩阵 $\textbf{\textit{M}}^P_{V^P, V^P}$ 中，找出一个最小单位能耗子矩阵 $\textbf{\textit{M}}^S_{V_i^s, V_i^s}$。最后，通过最大带宽需求对最小单位能耗的映射方法，可以把每一个虚拟网络映射到物理网络中，从而提高网络的能耗效率。

为了方便比较，引入传统的映射方法，随机子矩阵能量（Random-Submatrix-based Energy，RSE）感知方法。传统的映射方法描述如下：① 对于每一个虚拟光网络，按业务带宽需求的大小，对虚拟链接进行降序排序；② 由于任何一个虚拟节点都能够映射到物理节点上，从物理光网络中随机选取与虚拟光网络节点数相同的物理节点。注意，这里每一个虚拟节点只能映射到一个物理节点上；③ 在虚拟节点已经映射到物理节点后，根据虚拟光网络物理拓扑的连接关系，在物理光网络中计算每对虚拟节点的链路不相交的工作路径和保护路径;④ 完成虚拟光网络映射到物理光网络后,计算物理光网络的能量消耗。

4. 仿真结果分析

这里采用 14 个节点的 NFSNet(如图 6-12(a)所示)和 24 个节点的 USNet(如图 6-12(b)所示),对生存性能量感知映射算法和随机子矩阵能量感知方法进行评估。假设每个频率间隙是 12.5 GHz。25 GHz、50 GHz 和 125 GHz 频谱宽度分别提供线速率 40 Gbit/s、100 Gbit/s 和 400 Gbit/s,它们采用的调制格式分别是 DP-QPSK、DP-QPSK 和 DP-16-QAM,它们的最大传输距离是 1 800 km、2 000 km 和 1 500 km。采用随机图模型生成 100 虚拟光网络,对于第 i 个虚拟光网络的虚链路数,虚拟链路的带宽需求在 1 500~2 000 Gbit/s 区间均匀分布,虚拟节点之间的连接是均匀的。通过比较生存性能量感知映射算法和随机子矩阵能量感知方法,验证提出方法的可行性。

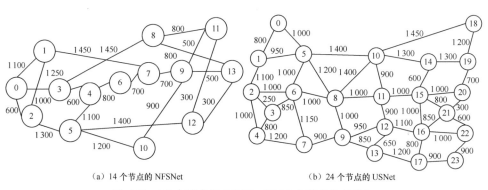

(a) 14 个节点的 NFSNet   (b) 24 个节点的 USNet

图 6-12   14 个节点的 NFSNet 和 24 个节点的 USNet

从图 6-13(a)和图 6-13(b)可以观察到,与随机子矩阵能量感知方法相比,提出的生存性能量感知映射算法在 NSFNet 中平均能耗降低 37.2%、37.2% 和 37.5%,它们分别对应的传输线速率为 40 Gbit/s、100 Gbit/s 和 400 Gbit/s。同样,在 USNet 中,对于线速率 40 Gbit/s、100 Gbit/s 和 400 Gbit/s,提出的映射方法比随机子矩阵能量感知方法的能耗降低 48.9%、46.5% 和 55.6%。在图 6-14(a)和图 6-14(b)中,无论在哪种线速率中,与随机子矩阵能量感知方法相比,生存性能量感知映射算法具有更好的平均能量效率。这是因为通过在全空间单位能耗矩阵查找最小单位能耗子矩阵,考虑最大带宽对最小单位能耗映射方法,可以有效减少虚拟光网络映射的能耗。特别地,采用高线速率的传输能更节约虚拟光网络映射的能耗,例如,400 Gbit/s 线速率比 40 Gbit/s 和 100 Gbit/s 能更有效地减少能耗。可见,最小能量的子矩阵映射方法能够解决虚拟光网络映射的能耗问题。

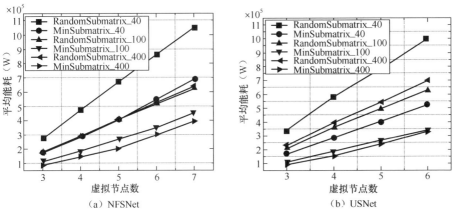

（a）NFSNet　　　　　　　　（b）USNet

图 6-13　生存性能量感知映射算法和随机子矩阵能量感知方法
在 NFSNet 和 USNet 的平均能耗

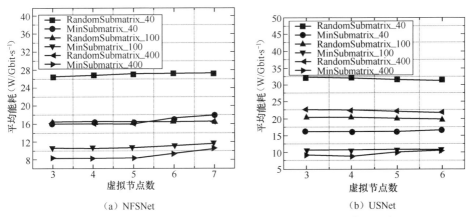

（a）NFSNet　　　　　　　　（b）USNet

图 6-14　生存性能量感知映射算法和随机子矩阵能量感知方法
在 NFSNet 和 USNet 的平均能量效率

6.3.3　面向成本优化的虚拟光网络生存性技术

1. 虚拟光网络成本问题

在不透明光网络、半透明光网络和透明光网络中，通过引入光再生器来提高光信号的传输距离，文献[32]主要研究了光网络的成本效率问题，恰当配置光再生器，能够有效减少网络的成本。在频谱灵活光网络中，文献[31]提出了多目标优化成本和频谱效率问题，通过选择恰当调制格式和采用不同的线速率来传输网络中的业务，并优化网络成本和频谱资源。从多层网络优化设计入手，文献[33]评估了网络成本效率问题，通过多流光转发器的切片化可以有效减少网络的成本。考虑数据中心组网架构，文献[34]研究了如何放置光开关和光机架问题，通过灵活配置光开关和光机架，实现网络成本和传输时延的减少。考虑局域保护方式，文献[35]研究了网络虚拟化可生存性映射成本问题。虚拟数据中心可以为用户提供更加灵活的计算资源和存储资源，支撑灵活和可扩展的资源管理和资源调度[36]。设计频谱灵活光网络与数据中心互连是未来光网络发展一个趋势，以实现与数据中心互连的频谱灵活光网络资源共享[37]。为了提高频谱灵活光网络的虚拟光网络生存性，如何映射虚拟光网络到物理光网络成为一个关键问题[38]。

虚拟光网络映射到物理光网络有两个重要问题需要解决：第一，在物理网络中，需要为每条虚拟链路提供链路不相交的一条工作路径和一条专用保护路径，这里假定虚拟节点是可靠的，仅对计算资源有一定的约束需求；第二，如何将一组虚拟光网络映射到物理光网络，保证在映射过程中降低的网络成本最小，需要引入虚拟光网络和频谱灵活光网络的映射架构。图 6-15 所示为虚拟光网络映射服务架构。图 6-15（a）所示为一个虚拟光网络服务请求，每一个虚拟节点代表虚拟的数据中心，这个虚拟数据中心代表虚拟节点需求的计算资源；每一条虚拟链路代表虚拟节点与虚拟节点之间的带宽服务需求。图 6-15（b）所示为频谱灵活光网络与数据中心融合的物理光网络。每一个物理节点代表一个光的交换节点中，它与数据中心互连，每一个数据中心提供可靠的计算资源；每一条物理链路代表着物理节点与物理节点之间的带宽服务提供商。

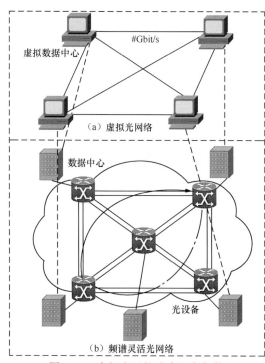

图 6-15 虚拟光网络成本服务架构

在虚拟光网络生存性映射中,有 3 个约束条件:第一,当且仅当虚拟节点的计算资源小于物理节点提供的计算资源时,虚拟节点能够映射到物理节点上;第二,基于虚拟光链路的带宽需求,只有物理光路径提供足够的频谱资源,这条虚拟链路才能映射到这条物理光路径上;第三,由于考虑虚拟光网络映射的生存性,频谱灵活光网络需要提供链路不相交的工作路径和保护路径。

2. 虚拟光网络的映射模型

(1)虚拟光网络的生存映射架构

一般来说,在一个融合虚拟数据中心的虚拟光网络请求中,虚拟光网络的虚拟节点代表需求服务资源(如计算资源)和虚拟链路代表了它的带宽需求。频谱灵活光网络与数据中心互连的物理基础设施提供了高带宽服务和可靠的计算资源。图 6-16 所示为一个虚拟光网络的映射架构。在图 6-16(a)中,由虚拟数据中心代表的虚拟节点和虚拟链路代表的带宽需求组成一个虚拟光网络。在频谱灵活光网络中,物理节点代表光学设备,包括光转发器和光再生器,与物理设备相连的是均匀分布的数据中心。如图 6-16(b)所示,圆形表示工作路径,六边形表示保护路径。考虑到虚拟光网络生存性映射的问题,在频谱灵活光网络中为虚拟光网络的虚拟链路提供工作路径和保护路径,以实现虚拟光网络生存性映射。

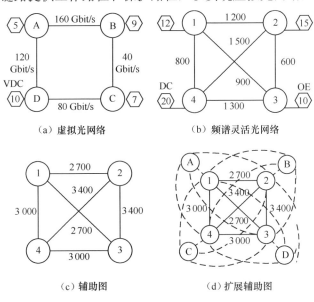

图 6-16　虚拟光网络的映射架构

(2)网络模型

图 $G^p\left(V^p, E^p, C^p, B^p\right)$ 表示与数据中心融合的频谱灵活光网络,这里 V^p、E^p、C^p 和 B^p 分别表示物理节点集合、物理链路集合、数据中心提供最大容量的计算资源和每一段光纤链路的可用频谱间隙总数。一组基于虚拟数据中心的虚拟光网络，即用 $G^v\left(V^v,E^v,C^v,B^v\right)$ 表示，这里 V^v、E^v、C^v 和 B^v 分别表示虚拟光网络的节点集合、虚拟链路集合、在虚拟节点上计算资源需求数和在虚拟链路上需求的带宽数。一组虚拟光网络 $G^v\left(V^v,E^v,C^v,B^v\right)$ 分别被映射到与数据中心融合的频谱灵活光网络 $G^p\left(V^p,E^p,C^p,B^p\right)$。$G_i^v\left(V_i^v,E_i^v,C_i^v,B_i^v\right)\in G^v$ 表示第 i 个虚拟光网络。若物理光网络提供的可用计算资源 C^p 超过了虚拟光网络的虚拟节点计算资源需求 C_i^v，通过映射机制 $M_V\left(f:V_i^v\rightarrow V^p\right)$，可以把第 i 个虚拟光网络的虚拟节点 V_i^v 映射到物理节点 V^p。考虑虚拟光网络的生存映射，需要把虚拟光网络中的虚拟链路 E_i^v 映射到物理光网络中的工作路径和保护路径上，保证映射到频谱灵活光网络中的生存性。它们的映射机制为 $M_E\left(f:E_i^v\rightarrow\left\{P_w^p,P_b^p\right\}\right)$，其中，$P_w^p$ 和 P_b^p 表示频谱灵活光网络中的一组工作路径和一组保护路径。这里假设物理链路有足够的频谱间隙，以保证虚拟光网络的链路能够映射到任意物理链路。

（3）成本模型

针对一组虚拟光网络映射到与数据中心融合的频谱灵活光网络中，恰当选择光转发器和光再生器，可以降低频谱灵活光网络的成本问题。这里由于光转发器和光再生器的数量依赖于频谱宽度、线速率和调制格式，所以只考虑这两种网络元件的成本因素。由于在源节点与宿节点中，每一条频谱信道需要提供一对光转发器。如果光信号超过其最大的传输距离，在中间节点上需要配置相应的光再生器。若不考虑虚拟光网络映射的生存性，所有虚拟光网络映射到频谱灵活光网络的网络成本（Network Cost，NC）模型用式（6-4）表示。

$$NC = \sum_{j=0}^{|G^v|}\sum_{i=0}^{|E_j^v|}\sum_r 2N_{i,j}^{n,r}\cdot TC^r + \sum_{j=0}^{|G^v|}\sum_{i=0}^{|E_j^v|}\sum_r M_{i,j}^{n,r}\cdot RC^r \qquad (6\text{-}4)$$

$$SU = \sum_{j=0}^{|G^v|}\sum_{i=0}^{|E_j^v|}\sum_r f_{i,j}^r\cdot FS^r \qquad (6\text{-}5)$$

其中，$|G^v|$、$|E_i^v|$、TC^r 和 RC^r 分别表示虚拟光网络的总数、第 i 个虚拟光网络的虚拟链路总数、在线速率 r 下，每一个光转发器的单位网络成本和每一个光再生器的单位网络成本。在线速率 r 中，$N_{i,j}^{n,r}$、$M_{i,j}^{n,r}$、$f_{i,j}^r$ 和 FS^r 分别表示虚拟链路 (i,j) 映射到频谱灵活光网络中光转发器的数量、光再生器的数量、工作路径和保护路径的总跳数，以及在线路速率 r 下光谱通道的频谱间隙总数。

（4）问题描述

这里的目标是把给定的一组虚拟光网络映射到频谱灵活光网络中的网络成本最小。若给定一个与数据中心融合的频谱灵活光网络，$G^p\left(V^p,E^p,C^p,B^p\right)$、一组虚拟光网络请求，$G^v\left(V^v,E^v,C^v,B^v\right)$、一组线速率集合 $R=\{r_1,r_2,\cdots,r_N\}$，（其中 N

表示线速率种类的总数）、一组调制格式集合 $MF = \{mf_1, mf_2, \cdots, mf_N\}$、一组不同线路速率频谱光通道的最大可达性 $RB = \{rb_1, rb_2, \cdots, rb_N\}$、不同线路速率下一组光转发器的单位成本 $TC = \{TC^1, TC^2, \cdots, TC^N\}$ 和一组光再生器的单位成本，在一个物理网络中，给出了对于任意一对节点的一组工作路径和保护路径集合 $P_{k,l} = \{P_{k,l}'^p, P_{k,l}''^p\}$，其中，$P_{k,l}'^p$ 和 $P_{k,l}''^p$ 表示物理节点对 (k, l) 的工作路径和保护路径。这组工作路径和保护路径由 Suurballe 算法预先计算，即在频谱灵活光网络中，任何节点对的工作路径和保护路径预先配置好。

对于每个虚拟光网络，需要找到它虚拟节点的映射及其虚拟链接的映射，以确保该虚拟光网络映射到物理光网络的网络成本最小。对于一条虚拟链路，需要提供工作路径和专用路径的保护，以保证虚拟光网络映射过程中的网络生存性。一个频谱光信道的最大传输距离是由线速率、信道的频谱宽度和调制格式决定的。此外，需要配置多少个光再生器，由工作路径和保护路径的线速率的光信号最大传输距离决定。因此，选择恰当的线速率和光通道的频谱宽度，有利于减少虚拟光网络映射到与数据中心融合的频谱灵活光网络的网络成本，同时，还能提高网络的频谱利用率。

3. 成本优化的虚拟光网络生存性规划方法

从辅助图构造和 ILP 表达式的描述，引入虚拟光网络的整数线性规划模型。

（1）辅助图构造

如图 6-16（a）所示，给定一个虚拟光网络请求，其中，六边形代表与虚拟节点相连接的虚拟数据中心，它代表虚拟节点需求的计算资源请求。虚拟链路代表两个不同虚拟节点之间的带宽需求。图 6-16（b）所示为一个与数据中心融合的频谱灵活光网络，这里链路上的数字代表两个不同物理节点的实际距离（km），六边形代表数据中心，它负责网络的计算资源提供。图 6-16（c）是辅助图形（Auxiliary Graph，AG），构造这个辅助图的目的是简化虚拟网络映射到与数据中心融合的频谱灵活光网络的复杂性。这里 AG 链路的权重是任意物理节点对 k 和 l 的工作路径和保护路径的最短距离之和，通过 Suurballe 算法可以计算出这两条链路不相交的工作路径和保护路径的权值。同时，当虚拟链路 (i, j) 被映射到一个物理链路 (k, l) 时，在 AG 上，一条链路包含了 2 条已经预先配置的链路不相交的工作路径和保护路径。例如，在 AG 上的链路 $(1, 2)$ 包含工作路径 1-2（1 200 km）和保护径 1-3-2（1 500 km），它的权值是这两个路径的总和（2 700 km）。因此，一条虚拟链路能够映射到 AG 上的一条链路，以确保一条虚拟链路映射到物理网上的生存性[39]。

为了协同一组虚拟光网络的虚拟节点和虚拟链路映射，可以通过扩展 AG（如图 6-16（c）所示），把虚拟网络映射问题转换为经典的商品流问题。这里有两个基本原则来构造扩展辅助图（Extended Auxiliary Graph，EAG）。将每一个虚拟光网络的虚拟节点所需求的计算资源与频谱灵活光网络的所有物理节点提供的计算资源进行比较，如果虚拟节点的计算资源需求小于物理节点提供的可用计算资源，则将虚拟光网络中每个虚拟节点与 AG 中每个物理节点用虚线连接起来，其中，该虚线的权值被设定为一个巨大的整数值，该整数值大于 AG 中所有链路权值的总和。例如，若把图 6-16（a）中一个虚拟光网络的请求映射到图 6-16（b）中，通过虚拟网络中虚拟节点与 AG 的物理节点相连接，可以构造如图 6-16（d）所示的 EAG。

（2）ILP 模型

通过引入 EAG，一个虚拟光网络的映射问题可以转化为一个 $\left|V_i^v\right|$ 商品流问题，其中，$\left|V_i^v\right|$ 表示第 i 个虚拟光网络 $G_i^v(V_i^v, E_i^v, C_i^v, B_i^v)$ 的虚拟节点数量。如果每条虚拟链路 (i,j)（即流量）被认为从虚拟源节点 i 到虚拟宿节点 j 的业务流，在 EAG 中，采用流守恒，将虚拟链路 (i,j) 映射到 AG 上。在 EAG 中，一方面，任意一个虚拟节点只能映射到一个物理节点上，并且一个虚拟节点只能通过一条虚线与一个物理节点相连接；另一方面，选定虚线上的物理节点是虚拟节点的映射物理节点，然后在 AG 中，选定的链路是虚拟链路映射的物理链路，这物理链路包括预先配置的工作路径和保护路径。例如，假设从虚拟节点 A 到虚拟节点 B 的商品流（即虚拟链路（A, B））经过路径 A-1-2-B，这是 EAG 中的最短路径。虚拟节点 A 和 B 对应映射到物理节点 1 和 2 上，虚拟链路 A-B 映射到物理链路 1-2（在物理网络中，这条链路包括工作路径 1-2 和保护路径 1-3-2）。基于 EAG，可以把虚拟光网络映射问题转化为商品流问题[40]，从而可以设计出如下的 ILP 模型。

① 输入参数如下。

R：不同线速率的数量。

$N_{i,j}^{n,r}$：第 n 个虚拟光网络在虚拟链路 (i,j) 上线速率为 r 的光转发器数量。

TC^r：线速率为 r 的光转发器的单位成本。

$M_{i,j}^{n,r}$：第 n 个虚拟光网络在虚拟链路 (i,j) 上线速率为 r 的光再生器数量。

RC^r：线速率为 r 的再生器的单位成本。

$\Lambda_{i,j}^n$：在第 n 个虚拟光网络中虚拟链路 (i,j) 的带宽需求。

C_m^n：第 n 个虚拟光网络的第 m 个虚拟节点的计算资源请求。

C_u：在频谱灵活光网络中第 u 个物理节点提供计算资源的总量。

$\left|G^v\right|$：所有虚拟光网络的总数。

$\left|E_n^v\right|$：第 n 个虚拟光网络的虚拟链路总数。

$\left|V_i^v\right|$：第 i 个虚拟光网络的虚拟节点总数。

G^p：一个频谱灵活光网络。

$\left|E^p\right|$：一个频谱灵活光网络的物理链路总数。

$\left|V^p\right|$：一个频谱灵活光网络的物理节点总数。

② 变量如下。

r：第 r 个线路速率的索引。

(i,j)：从虚拟节点 i 到 j 的虚拟链路 (i,j)。

(k,l)：从物理节点从 k 到 l 的物理链路 (k,l)。

$x^n_{(i,j),(k,l)}$：二元制变量。在第 n 虚拟光网络中，若虚拟链路 (i,j) 映射到频谱灵活光网络中的物理链路 (k,l)，则为 1；否则为 0。

$y^n_{(m,u)}$：二元制变量。在第 n 个虚拟光网络中，如果第 m 个虚拟节点映射到频谱灵活光网络中的第 u 个物理节点，则为 1；否则为 0。

③ 目标函数和约束条件如下。

$$\text{minimize:} \sum_{n\in\left|G^v\right|}\sum_{(i,j)\in\left|E^v_b\right|}\sum_{r\in R}\sum_{(k,l)\in\left|E^p\right|}4N^{n,r}_{i,j}\cdot TC^r\cdot x^n_{(i,j)(k,l)}$$
$$+\sum_{n\in\left|G^v\right|}\sum_{(i,j)\in\left|E^v_n\right|}\sum_{r\in R}\sum_{(k,l)\in\left|E^p\right|}M^{n,r}_{i,j}\cdot RC^r\cdot x^n_{(i,j)(k,l)} \tag{6-6}$$

$$\sum_{l\in\left(\left|V^p\right|\cup\left|V^v_n\right|\right)}x^n_{(i,j),(k,l)}\,\Lambda^n_{i,j}-\sum_{l\in\left(\left|V^p\right|\cup\left|V^v_n\right|\right)}x^n_{(i,j),(l,k)}\,\Lambda^n_{i,j}=\begin{cases}\Lambda^n_{i,j},&k=i\\\Lambda^n_{i,j},&k=l\\0,&\text{其他}\end{cases},\quad\forall n\in\left|G^v\right|,(i,j)\in\left|E^v_n\right| \tag{6-7}$$

$$x^n_{(i,j),(k,l)}\leqslant y^n_{(k,l)},\quad\forall n\in\left|G^v\right|,\ (i,j)\in\left|E^v_n\right|,\ (k,l)\in\left(\left|V^p\right|\cup\left|V^v_n\right|\right) \tag{6-8}$$

$$\sum_{u\in\left(\left|V^p\right|\right)}y^n_{(m,u)}=1,\quad\forall n\in\left|G^v\right|,\ m\in\left|V^v_n\right| \tag{6-9}$$

$$\sum_{m\in\left(\left|V^v_i\right|\right)}y^n_{(m,u)}\leqslant 1,\quad\forall n\in\left|G^v\right|,\ u\in\left|V^p\right| \tag{6-10}$$

$$y^n_{(m,u)}=y^n_{(u,m)},\quad\forall n\in\left|G^v\right|,\ (m,u)\in\left|V^p\right|\cup\left|V^v_n\right| \tag{6-11}$$

$$\sum_{n\in\left(\left|G^v\right|\right)}\sum_{m\in\left(\left|G^v_i\right|\right)}C^n_m\,y^n_{(m,u)}\leqslant C_u,\quad\forall n\in\left|V^p\right| \tag{6-12}$$

线性规划优化（ILP）的目标函数如式（6-6）所示，目标函数优化的是所有虚拟光网络映射到物理光网络的最小网络成本消耗。式（6-6）的第一项和第二项分别表示光转发器和光再生器的网络总成本消耗。式（6-7）是第 n 个虚拟光网络

中虚拟链路 (i, j) 映射到频谱灵活光网络的物理链路 (k, l) 的业务流量守恒约束条件。式（6-8）～式（6-10）保证虚拟光网络的一个虚拟节点映射到一个物理节点上的约束条件。式（6-11）保证了虚拟节点 m 与物理节点 u 的一条虚线连线是双向的，这个物理节点 u 是这个虚拟节点 m 的映射节点。式（6-12）是虚拟节点 m 映射到物理节点 u 的容量约束，即在一组虚拟光网络集合中，所有虚拟节点需求的计算资源小于或等于映射到物理节点提供的计算资源。

4. 成本优化的虚拟光网络生存性映射方法

这一部分提出一种虚拟光网络的最小网络成本问题的虚拟化映射算法，为了方便比较，引入了两种基本的映射算法。

（1）最大带宽对最短距离映射方法

① 构建 AG。类似于图 6-16（c）所示辅助图的构建方法，两个任意物理节点 k 和物理节点 l 的工作路径和保护路径通过 Suurballe 算法计算，使得这两条路径的距离最短（它们的距离之和作为这两个物理节点的权值），即它们的权重最小。这样通过计算所有物理节点对的工作路径和保护路径的最短距离，可以构建频谱灵活光网络的 AG。如果一条虚拟链路 (i, j) 映射到辅助图的某条链路 (k, l) 上，那么这里被映射的链路 (k, l) 包含了预先配置的工作路径和保护路径。

② 虚拟链路映射。首先，虚拟光网络中的虚链路按照其带宽需求的大小进行降序排列，并且把链路集合存储在 $\Lambda(i, j) = \{\Lambda_1(1, 2), \cdots, \Lambda_1(i, j), \cdots\}$，$i, j \in V_i^v$。其次，当且仅当虚拟节点的计算资源需求数量小于物理节点提供的可用计算资源的数量时，这个虚拟节点才能映射到物理节点上，并且在同一个虚拟光网络中不能映射多个虚拟节点到同一个物理节点上。在虚拟网络中，所有虚链路映射到物理链路应遵循如下规则：虚拟链路的最大带宽需求映射到 AG 中最短距离的链路上，它称为最大带宽对最短距离映射方法（LBSD）。这种映射方法有两种不同情况。第一，虚拟光网络的两个虚节点同时映射到两个不同物理节点上。这种情况下，查找没有被映射的最短物理链路，并且将该链路设置为已被映射的链路，对应的物理节点为这两个虚拟节点的映射节点。然后，这两个虚节点分别用虚线连接到其映射的物理节点，用两条虚线连接到 AG 上，两条虚线的权值设置为千米，这里的值大于 AG 所有链路权值之和。同时，把 AG 中已经映射的链路权值也设置为千米。当每次同时映射的两个虚拟节点映射到 AG 时，这两个虚拟节点映射次序可以交换，在这种情况下，同时映射两个虚拟节点有两种不同的映射方式。第二，映射的虚拟链路中，有一个虚拟节点已经映射到 AG，另一个虚拟节点没有映射到 AG。没有映射的虚拟节点通过虚线连接到没有被映射的物理节点上，在 AG 上设置这些连接虚线的权值为。注意，没有映射的虚拟节点的计算资源需求必须小于或等于剩下没有被映射的物理节点提供的计算资源。这样采用最短路径

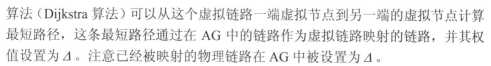

算法（Dijkstra 算法）可以从这个虚拟链路一端虚拟节点到另一端的虚拟节点计算最短路径，这条最短路径通过在 AG 中的链路作为虚拟链路映射的链路，并其权值设置为 $\varDelta$。注意已经被映射的物理链路在 AG 中被设置为 $\varDelta$。

③ 选择映射方案。当所有的虚拟节点映射到物理节点后，把没有映射的虚拟链路映射到 AG 的剩余链路中。由于一条虚拟链路的两个虚拟节点同时映射到物理光网络中，所以这些有多种映射方案，每种映射方案会有不同的网络成本值，从中选出最小网络成本的映射方案作为最终虚拟光网络映射到物理光网络的映射方案。

（2）基本的映射方法

为了与最大带宽对最短距离映射方法（见表 6-2）进行对比，这里引入两种基本虚拟光网络的映射方法。下面介绍这两种映射方法。

第一种方法是在虚拟光网络中最大计算资源需求的虚拟节点映射到连接最短链路的物理节点，这种算法称为最大计算资源需求对最短路径映射方法（LCSD）它的步骤如下：① 将虚节点按照计算资源需求数量的降序方式进行排列，从 $\varOmega\left(V_i^v\right)$ 中选择具有最大计算资源需求的节点 i；② 在虚拟光网络寻找与虚拟节点 i 直接相连的另一个虚拟节点 j，这个虚拟节点 j 与虚拟节点 i 连接，并且是具有最大的计算资源需求的虚拟节点，这样虚拟链路 (i, j) 首先映射，用同样的方法找出剩下的虚拟节点映射顺序；③ 在 AG 中找出最短的物理链路 (k, l)，注意这里的物理节点 k 能够提供最大可用计算资源数量，并且它还没有被映射，另外应保证虚拟节点 i 和 j 需求的计算资源数量分别小于物理节点 k 和 l 提供的计算资源数量；④ 映射虚节点 (i, j) 到物理节点 (k, l)，并且计算网络成本。

第二种基本方法称为最大计算资源需求对最大计算资源提供映射方法（LCLC），它的步骤如下：① 在 AG 中，将计算资源需求最大的虚节点映射到提供最大计算资源的物理节点上；② 虚拟节点与物理节点一对一映射后，根据虚拟光网络的拓扑连接关系，在 AG 中直接找出虚拟链路的映射链路，直到所有的虚拟链路映射到物理网络中，然后计算所有虚拟网络的总的网络成本。

表 6-2　最大带宽对最短距离映射方法

输入：给定频谱灵活光网络 $G^p(V^p, E^p, C^p, B^p)$，一组虚拟光网络 $G^v(V^v, E^v, C^v, B^v)$，一组不同的线速率 $R=\{r_1, r_2, \cdots, r_N\}$。
输出：把所有虚拟光网络 $G^v(V^v, E^v, C^v, B^v)$ 映射到物理光网络 $G^p(V^p, E^p, C^p, B^p)$，计算总的网络成本。
1：基于频谱灵活光网络构造 AG
2：**for all** 虚拟光网络 $G^v(V^v, E^v, C^v, B^v)$　**do**
3：取出第 i 个虚拟光网络 $G_i^v(V_i^v, E_i^v, C_i^v, B_i^v) \in G^v(V^v, E^v, C^v, B^v)$ 进行映射
4：　　**for all** 在第 i 个虚拟光网络中根据虚拟链路带宽需求降序排列 $\varLambda(i, j)$ **do**

（续表）

5: 　　从虚拟链路排列 $\Lambda(i,j)$ 中取出虚拟链路 (i,j)

6: 　**Case 1**：两个虚拟节点 i 和 j 没有被映射

7: 　　**for all** 从 AG 中获得最短链路 (k,l) **do**

8: 　　　映射方案Ⅰ：

9: 　　　　**if** 如果两个虚拟节点 i 和 j 的计算资源需求分别小于物理节点 k 和 l，即 $C_i^i \leqslant C_k$ 和 $C_j^i \leqslant C_l$ **then do**

10: 　　　　　把虚链路 (i,j) 映射到物理链路 (k,l)

11: 　　　　　根据虚拟链路 (i,j) 的带宽需求选择合适的线速率 $R=\{r_1,r_2,\cdots,r_N\}$

12: 　　　　　沿着物理链路 (k,l) 计算网络成本

13: 　　　　**end if**

14: 　　　映射方案Ⅱ：

15: 　　　　**if** 如果两个虚拟节点 i 和 j 的计算资源需求分别小于物理节点 l 和 k，即 $C_i^i \leqslant C_l$ 和 $C_j^i \leqslant C_k$ **then do**

16: 　　　　　把虚链路 (i,j) 映射到物理链路 (l,k)

17: 　　　　　根据虚拟链路 (i,j) 的带宽需求选择合适的线速率 $R=\{r_1,r_2,\cdots,r_N\}$

18: 　　　　　沿着物理链路 (k,l) 计算网络成本

19: 　　　　**end if**

20: 　　**end for**

21: 　**Case 2**：在虚拟节点 i 和 j 中只有一个虚拟节点没有被映射

22: 　　　假设虚节点 i 未被映射

23: 　　　**for all** 所有未被映射到物理节点 $V_k^P \in V^P$ **do**

24: 　　　　在 AG 中，如果虚拟节点需求的计算资源小于某些物理节点提供的计算资源，即 $C_i^i \leqslant C_k$，虚拟节点 i 与物理节点 V_k^P 之间用虚线 Δ 相连

25: 　　　**end for**

26: 　　　在 AG 中，从虚拟节点 i 到虚拟节点 j，选择一条最短路径

27: 　　　在 AG 中，把虚拟链路 (i,j) 映射到物理链路 (k,l)

28: 　　　根据虚拟链路 (i,j) 的带宽需求选择合适的线速率 $R=\{r_1,r_2,\cdots,r_N\}$

29: 　　　沿着物理链路 (k,l) 计算网络成本

30: 　　**end for**

31: 　　选择最小成本的映射方案作为虚拟光网络映射到物理网络的映射方式

32: **end for**

（3）3 种不同映射算法的例子

下面根据图 6-16（a）所示的一个虚拟光网络请求和图 6-16（c）所示的 AG，具体描述 3 个不同的虚拟网络映射方法，即最大带宽对最短距离映射方法、最大计算资源需求对最短路径映射方法、最大计算资源需求对最大计算资源提供映射方法。

① 最大带宽对最短距离映射方法。根据虚拟链路带宽需求的大小进行降序排列，确定虚拟链路映射顺序，即虚拟链路和。它们的带宽需求大小分别为：

160 Gbit/s、120 Gbit/s、80 Gbit/s 和 40 Gbit/s。因为所有虚节点的计算资源需求都小于物理光网络节点提供的计算资源，所以任意虚拟节点能够映射到物理光网络的物理节点上。对于一条虚拟链路，两个虚拟节点（A 和 B）被映射到两个物理节点（1 和 2），这两个物理节点之间具有最短的距离。这里存在两种解决方案：虚拟节点 A 和 B 分别映射到物理节点 1 和 2；虚拟节点 A 和 B 分别映射到物理节点 2 和 1。映射方案 I 如下。如图 6-17（a）～图 6-17（d）所示，一条虚拟链路（A, B）被映射到物理节点 1 和 2，这条物理链路 1-2 被映射后设它的权重是 Δ，并且在虚拟节点 A 和 B 分别映射到物理节点 1 和 2 之间用虚线连接，设置虚线的权值为 Δ。第二条映射的虚拟链路为（A, D），由于虚拟节点 A 已经映射到物理节点 1 上，为了映射虚拟节点 D，虚拟节点 D 与物理节点 3 和物理节点 4 用虚线相连接，并设置它们的权值为 Δ。通过 Dijkstra 算法，在虚拟节点 A 到虚拟节点 D 计算一条路径路径，即 A-1-3-D（2 700 km），则物理链路（1, 3）为虚拟链路（A, D）所映射的链路。物理链路（1, 3）被映射后，设置其权值为 Δ，如图 6-17（b）所示。相似地，其他虚链路（C, D）和（B, C）也被映射到链路（4, 3）和（2, 4），如图 6-17（c）和图 6-17（d）所示。映射方案 II：类似映射方案 I，所有虚拟链路也被映射到物理链路，如图 6-17（e）～图 6-17（h）所示。

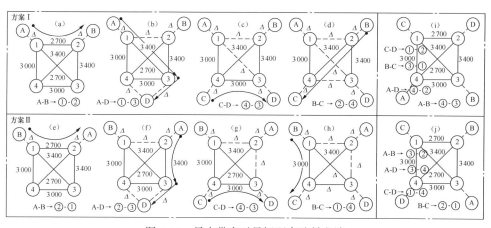

图 6-17　最大带宽对最短距离映射方法

②　最大计算资源需求对最短路径映射方法。首先通过确定虚拟节点的映射顺序，然后确定虚拟链路的映射顺序。第一，因为虚拟节点 D 需要的计算资源数量最大，所以需要先映射这个虚拟节点。由于虚拟节点 A 与 C 与虚拟节点 D 相连接，并且虚拟节点 C 比 A 的计算资源需求大，则先映射虚拟节点 C，所以首先映射的虚拟链路为（D, C）。第二，由于剩下虚拟节点 A 的计算资源需求小

于虚拟节点 B 的计算资源需求所以先映射虚拟节点 B。与 B 连接的虚拟节点中，虚拟节点 C 的计算资源需求大于虚拟节点 A，所以虚拟链路（B, C）先映射。第三，最后映射的是虚拟节点 A，与虚拟节点 A 相连的虚拟节点 D 需求计算资源大于虚拟节点 B 需求计算资源，所以虚拟链路（A, D）先映射，然后映射最后的虚拟链路（A, B）。下面进行具体的映射：在 AG 中，找出最短链路（1, 2），由于物理节点 1 和 2 提供的计算资源分别为 15 和 12，所以虚拟节点 D 和 C 分别映射到物理节点 2 和 1 上，即虚拟链路（D, C）映射到物理链路（2, 1）上，由于链路是双向的，即（C, D）映射到（1, 2）。第二条虚拟链路映射的是（B, C），由于虚拟节点 C 已经映射到物理节点 1 上，所以需要找与物理节点 1 相连且未被映射的最短链路，即物理链路（3, 1），所以虚拟节点 B 映射到物理节点 3。同样可以找出虚拟链路（A, B）映射到物理链路（4, 3），最终的映射关系如图 6-17（i）所示。

③ 最大计算资源需求对最大计算资源提供映射方法。根据虚拟节点需求的计算资源，可以确定它们的映射顺序，即 D(10)、B(9)、C(7)、A(5)，其中，括号中的数值表示虚拟节点分别需求的计算资源数量。它们将分别映射到物理节点 4(20)、2(15)、1(12) 和 3(10)，其中括号中的数值表示物理节点分别提供的计算资源数量。图 6-17 所示最大带宽对最短距离映射方法，图 6-17（a）～图 6-17（d）为映射方案 Ⅰ，图 6-17（e）～图 6-17（h）为映射方案 Ⅱ；最大计算资源需求对最短路径映射方法如图 6-17（i）所示；最大计算资源需求对最大计算资源提供映射方法如图 6-17（j）所示。根据虚拟光网络的拓扑连接关系，可以确定虚拟链路映射到辅助图上的链路，即虚拟链路（A, B）、（A, D）、（C, D）和（B, C）分别映射到辅助图的链路（3, 2）、（3, 4）、（1, 4）和（2, 1），最终的映射关系如图 6-17（j）所示。

若只考虑 40 Gbit/s 的线速率，这里光信号的最大到达距离为 1 800 km，光转发器和光再生器的单位成本分别设置为 $TC^{40}=2.5$ 和 $RC^{40}=5$，虚链路的带宽需求为 160 Gbit/s、120 Gbit/s、80 Gbit/s 和 40 Gbit/s，分别被分割为有 4 条、3 条、2 条和 1 条不同的频谱信道传输。总的网络成本用式（6-4）进行计算，最大带宽对最短距离映射方法的方案 Ⅰ 和方案 Ⅱ 的网络成本分别为 55 和 70，所以选择方案 Ⅰ 作为这种映射方法的映射方式，其网络成本为 55。而最大计算资源需求对最短路径映射方法和最大计算资源需求对最大计算资源提供映射方法消耗的网络成本分别为 65 和 80。明显地，与 LCSD 和 LCLC 相比，LBSD 消耗更小的网络成本[41-43]。

5. 仿真结果及分析

（1）在 6 个节点的物理网络中 ILP 模型和 3 种不同的映射方法

采用图 6-18（a）所示的 6 个节点的网络评估 ILP 模型、最大带宽对最短距离

映射方法、最大计算资源需求对最短路径映射方法和最大计算资源需求对最大计算资源提供映射方法。假设每个频谱间隙具有 12.5 GHz 的频谱宽度，表 6-3 为不同线速率下的网络配置[27]。第 i 虚拟光网络的虚拟链路数量为 $(|V_i^V|-3)\times 2+3$，其中，虚拟节点数为 $|V_i^V|=3$。每条虚拟链路的带宽需求是在 200～500 Gbit/s 内均匀分布。每个虚拟节点的计算资源需求在 5～10 单位之间均匀分布，数据中心提供 100 个单位的计算资源。这里进行了 10 次仿真实验，实验结取其平均值。

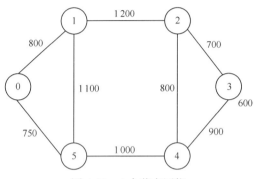

图 6-18　6 个节点网络

表 6-3　在不同线速率下网络配置

线速率 （Gbit/s）	频道带宽 （GHz）	调制格式	可达性（km）	收发器成本 （元）	再生器成本 （元）
40	25.0	DP-QPSK	1 800	2.50	5.00
100	37.5	DP-QPSK	1 700	3.75	7.50
400	125.0	DP-16-QAM	1 500	5.50	11.00

如图 6-19（a）所示，可以观察到 LBSD 的网络成本接近 ILP 模型的解，这说明提出的映射方法能够有效减少虚拟光网络映射到物理光网络的成本问题。与 LCLC 相比，LBSD 和 ILP 模型分别减少了 32.9%和 35.9%的网络成本。如图 6-19（b）所示，LBSD 和 ILP 具有相同的频谱利用率，并且它们都比 LCSD 和 LCLC 占用更小的频谱间隙数。如图 6-19（c）所示，3 种不同的映射方法（即 LCLC、LCSD 和 LBSD）和 ILP 模型都使用相同数量的光转发器（Transponder）。为了适应不同的线速率传输，由于光转发器的使用数量依赖于如何拆分虚链路的带宽需求，即用多少频谱通道来承载其他带宽需求的大小。如图 6-19（d）所示，与 LCSD 和 LCLC 相比，可以观察到 ILP 模型和 LBSD 有效减少了光再生器的数量。因此，通过 ILP 模型和 LBSD 有效减少了整个网络成本消耗问题。

（2）在 14 个节点的物理网络中 3 种不同的映射方法

由于 ILP 模型在规模比较大的频谱灵活光网络中很难获得可行解决，所以只

考虑提出的启发式映射方法和引入的两种基本的映射方法。这里采用图 6-12（b）的 14 个节点 NSFNet 评估 3 种不同的映射方法。频谱宽度、不同线速率的网络配置、虚拟链路的带宽需求、虚拟节点的计算资源需求和仿真实验的次数都和 6 个节点的网络一样。但虚链路的数量变为 $((|V_i^V|-3) \times 2 + 3, |V_i^V| = 5)$，数据中心提供的计算资源变为 200 个计算单元[44]。

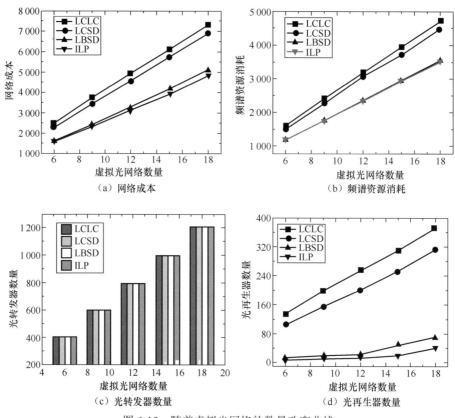

图 6-19　随着虚拟光网络的数量改变曲线

如图 6-20（a）所示，与 LCLC 相比，LBSD 和 LCSD 分别减少了 43.0%、26.7%的网络成本，频谱资源使用减少了 31.9%和 21.1%（如图 6-20（b）所示）。此外，提出的 LBSD 完成最好的网络成本和频谱资源使用率。这是因为较大的带宽需求映射到了最小距离链路，保证了工作和保护路径具有了最短距离，这样有利于减少光再生器的数量。同样，如图 6-20（c）所示，LCLC、LCSD 和 LBSD 使用相同数量的光转发器。如图 6-20（d）所示，与 LCLC 和 LCSD 相比，观察到 LBSD 有效减少了光再生器的数量，因此，LBSD 能够最大程度减少网络成本。

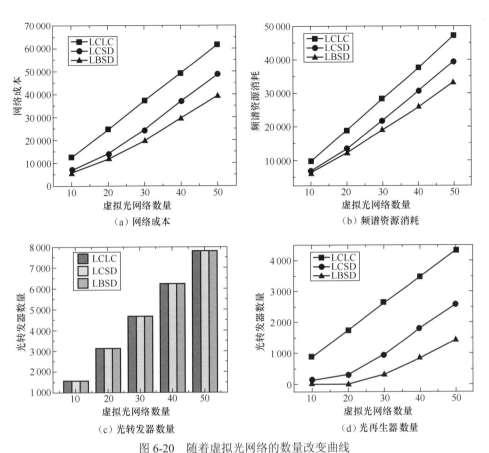

图 6-20　随着虚拟光网络的数量改变曲线

6.4　光网络虚拟化实现架构

6.4.1　开放虚拟基础设施

本节提出了一种新颖的、基于 SDN 的虚拟化平台，被称为开放虚拟基础设施（Open Virtual Infrastucture，OVI）。OVI 用统一的方式控制多种网络和数据中心，动态地提供具有任意拓扑和资源分布情况的虚拟基础设施（VI）。OVI 打破了FlowVisor 的透明性假设来映射资源到其他组织形式和扩展 OpenFlow 协议到光域上[45,46]。

虚拟化服务被视为提高资源利用率和实现高耦合网络中简明控制、管理方式的主要解决办法。随着虚拟网络运营商的出现和大 ICT 公司的成长，虚拟网络（VN）发展到了 VI，提供虚拟网络和应用资源，同时改变资源的组织形式来满足需求。SDN 天生就适合作为虚拟化的实现结构，因为它量化了资源，同时统一了不同类型设备间的控制接口。

OVI 类似沙漏的结构如图 6-21 所示，物理基础设施由不同网络域（例如光传送网、广域网、数据中心等）中的设备组成。一个或者更多的域虚拟化引擎（DVE）被部署在每个域中，作为网络切片的控制器来分离、聚合所控制的网络或者应用的资源。DVE 可以被连接到控制器来提供虚拟单域拓扑，提供方式可以是级联递归或者聚合到高层的 IVE 上。IVE 从不同域的每个 DVE 或者直接从每个域收集资源信息，并可以提供虚拟基础设施到租用者的控制器，提供的 VI 有多种资源形式来满足不同的需求。

这种架构的可靠性和有效性都在实验平台上得到了验证。

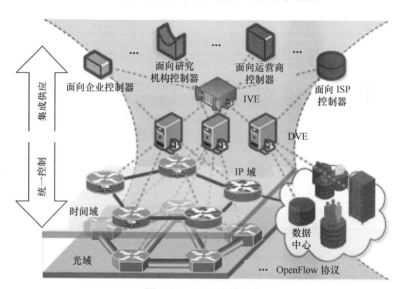

图 6-21　OVI 结构示意

6.4.2　对网络功能虚拟化的首次现场演示

一种覆盖网络功能虚拟化框架，利用动态光基底作为底层网络来进行现场网络演示。基于 OpenContrail 和扩展型 NOX 技术的结合来实现灵活性带宽的提供。

通过含有固定和灵活光节点的灵活带宽光基底，演示网络功能虚拟化（如图6-22 所示）。配置 OpenContrail 作为虚拟网络控制器，配置扩展型 NOX 作为物理网络控制器。这一体系结构在现场组装的服务器、ROADMs 以及北京邮电大学和21VDC 之间的光纤上得到测试。通过配置动态的灵活光带宽来实现性能的提升。

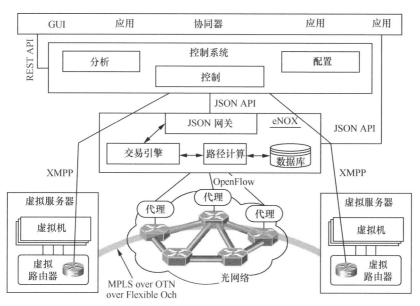

图 6-22　现场演示的网络功能虚拟化的体系结构

在现场演示中，采用覆盖体系结构来实现网络功能虚拟化。基于这种体系结构的特点，将虚拟网络和物理网络（PN）的控制器分离。具体组成结构有资源层、物理网络控制层、虚拟网络控制层以及同时适应于 OpenContrail 控制器 REST API 和 eNOX 的 JSON API 的云层。演示主要测试配置灵活性光带宽的虚拟网络控制器，虚拟网络控制器可以在不修改 OpenContrail 的情况下由光基底或者 IP 底层网络实现。但在这两种脚本的比较下，由于存储设备 I/O 接口速度的限制，通过光基底的传输速度要远低于线路速率（1 Gbit/s）。

通过配置现场组装光纤的动态光网络来展示网络功能虚拟化的首次现场演示。OpenContrail 和 eNOX 的业务流程作为虚拟网络和物理网络的 SDN 控制器，实现对虚拟路由器间的连接进行优化的新体系架构。

6.5　本章小结

本章首先分析了光网络虚拟化的需求，介绍了当前光网络虚拟化国内外的研究现状。深入研究了光层的虚拟化原理，包括节点（OXC 和 ROADM 虚拟化）的虚拟化、子波长交换的虚拟化、光链路的虚拟化。在此基础上，研究了网络资源抽象方法与光谱资源的虚拟化。

针对光网络虚拟化带来的新的生存性问题，本章对已有的跨层映射方案进行了介绍，并在前期研究的基础上，提出了跨层虚拟化生存性映射策略，并对几种不同的映射算法和方案进行了理论分析与仿真验证。

参考文献

[1] DMITRY D, ERIC K, JENNIFER R. Scalable network virtualization in software-defined networks[J]. IEEE Internet computing, 2013, 17(2): 20-27.

[2] SHERWOOD R, GIBB G, YAP K K, et al. Flowvisor: a network virtualization layer[C]// OpenFlow Switch Consortium, Tech. Rep, 2009.

[3] SKOLDSTROM P, YEDAVALLI K. Network virtualization and resource allocation in Open Flow-based wide area networks[C]//2012 IEEE International Conference on Communications (ICC), 2012: 6622-6626.

[4] NEJABATI R, ESCALONA E, PENG S, et al. Optical network virtualization[C]//15th International Conference on Optical Network Design and Modeling (ONDM), 2011: 1-5.

[5] JINNO M, TAKARA H, YONENAGA K. Virtualization in optical networks from network level to hardware level[J]. Journal of optical communications and networking, 2013.

[6] QIANG Y, CHUNMING W U, ZHANG M. Scalable virtual network mapping algorithm for internet-scale networks[J]. IEICE transactions on communications, 2012, (7): 2222-2231.

[7] The software-defined data center [EB/OL]. http://www.vmware.com/software-defined-datacenter/index.html.

[8] KONTESIDOU G, ZARIFIS K. Openflow virtual networking: a flow-based network virtualization architecture[C]//KTH, 2009.

[9] SHIMONISHI H, ISHII S. Virtualized network infrastructure using OpenFlow[C]//Network Operations and Management Symposium Workshops (NOMS Wksps), 2010: 74-79.

[10] SHERWOOD R, GIBB G, YAP K K, et al. FlowVisor: a network virtualization layer[C]// OpenFlow Switch Consortium, Tech. Rep, 2009.

[11] ZHANG S, SHI L, VADREVU C S K, et al. Network virtualization over WDM and flexible-grid optical networks[J]. Optical switching and networking, 2013, 10(4): 291-300.

[12] CHOWDHURY M, RAHMAN M R, BOUTABA R. ViNEYard: virtual network embedding algorithms with coordinated node and link mapping[J]. IEEE/ACM transactions on networking, 2012, 20(1): 206-219.

[13] RAHMAN M R, BOUTABA R. SVNE: survivable virtual network embedding algorithms for network virtualization[J]. IEEE transactions on network and service management, 2013, 10(2): 105-118.

[14] PENG S, NEJABATI R, SIMEONIDOU D. Impairment-aware optical network virtualization in single-line-rate and mixed-line-rate wdm networks[J]. Journal of optical communications and

networking, 2013, 5(4): 283-293.

[15] GONG L, ZHU Z. Virtual optical network embedding (VONE) over elastic optical networks[J]. Journal of lightwave technology, 2013, 32(3): 450-460.

[16] KLEKAMP A, GEBHARD U, ILCHMANN F. Energy and cost efficiency of adaptive and mixed-line-rate IP over DWDM networks[J]. Journal of lightwave technology, 2012, 30(2): 215-221.

[17] MANOUSAKIS K, ANGELETOU A, VARVARIGOS E. Energy efficient RWA strategies for WDM optical networks[J]. Journal of optical communications and networking, 2013, 5(4): 338-348.

[18] VIZCAÍNO J L, YE Y, LÓPEZ V, et al. Protection in optical transport networks with fixed and flexible grid: cost and energy efficiency evaluation[J]. Optical switching and networking, 2014, 11: 55-71.

[19] ANASTASOPOULOS M P, TZANAKAKI A, SIMEONIDOU D. Stochastic planning of dependable virtual infrastructures over optical datacenter networks[J]. Journal of optical communications and networking, 2013, 5(9): 968-979.

[20] TANAKA T, HIRANO A, JINNO M. Performance evaluation of elastic optical networks with multi-flow optical transponders[C]//Proc. ECOC, Amsterdam, the Netherlands, 2012.

[21] JINNO M, TAKARA H, SONE Y, et al. Multiflow optical transponder for efficient multilayer optical networking[J]. IEEE communications magazine, 2012, 50(5): 56-65.

[22] JINNO M, YONENAGA K, TAKARA H, et al. Demonstration of translucent elastic optical network based on virtualized elastic regenerator[C]//Proc. OFC/NFOEC, Los Angeles, 2012.

[23] PEDROLA O, CAREGLIO D, KLINKOWSKI M, et al. Cost feasibility analysis of translucent optical networks with shared wavelength converters[J]. Journal of optical communications and networking, 2013, 5(2): 104-115.

[24] EIRA A, SANTOS J, PEDRO J, et al. Multi-objective design of survivable flexible-grid DWDM networks[J]. Journal of optical communications and networking, 2014, 6(3): 326-339.

[25] TANAKA T, HIRANO A, JINNO M. Advantages of IP over elastic optical networks using multi-flow transponders from cost and equipment count aspects[J]. Optics express, 2014, 22(1): 62-70.

[26] XIAO J, WU B, JIANG X, et al. Scalable data center network architecture with distributed placement of optical switches and racks[J]. Journal of optical communications and networking, 2014, 6(3): 270-281.

[27] ANDERSON T, PETERSON L, SHENKER S, et al. Overcoming the Internet impasse through virtualization[J]. Computer, 2015, 38(4): 34-41.

[28] RIVAL O, MOREA A. Cost-efficiency of mixed 10-40-100 Gbit/s networks and elastic optical networks[C]//Proc. OFC/NFOEC, Los Angeles, USA, 2011.

[29] VIZCAÍNO J L, YE Y, LÓPEZ V, et al. Cost evaluation for flexible-grid optical networks[C]// Proc. IEEE Globecom, Anheim, California, USA, 2012.

[30] LÓPEZ J, YE Y, LÓPEZ V, et al. On the energy efficiency of survivable optical transport networks with flexible-grid[C]//Proc. ECOC, Amsterdam, the Netherlands, 2012.

[31] EIRA A, SANTOS J, PEDRO J, et al. Design of survivable flexible-grid DWDM networks with joint minimization of transponder cost and spectrum usage[C]//Proc. ECOC, Amsterdam, the Netherlands, 2012.

[32] PEDROLA O, CAREGLIO D, KLINKOWSKI M, et al. Cost feasibility analysis of translucent optical networks with shared wavelength converters[J]. Journal of optical communications and networking, 2013, 5(2): 104-115.

[33] TANAKA T, HIRANO A, JINNO M. Advantages of IP over elastic optical networks using multi-flow transponders from cost and equipment count aspects[J]. Optics express, 2014, 22(1): 62-70.

[34] TURNER J S, TAYLOR D E. Diversifying the Internet[C]//IEEE Global Telecommunications Conference, 2005: 755-760.

[35] XIAO J, WU B, JIANG X, et al. Scalable data center network architecture with distributed placement of optical switches and racks[J]. Journal of optical communications and networking, 2014, 6(3): 270-281.

[36] CHOWDHURY N M, BOUTABA R. A survey of network virtualization[J]. Computer networks, 2010, 54(5): 862-876.

[37] CALLON R, SUZUKI M. A framework for layer 3 provider-provisioned virtual private networks (PPVPNs)[S]. RFC 4110, 2005.

[38] ANDERSSON L, ROSEN E. Framework for layer 2 virtual private networks (L2VPNs)[S]. RFC 4664, 2006.

[38] AUGUSTYN W, SERBEST Y. Service requirements for layer 2 provider-provisioned virtual private networks[S]. RFC 4665, 2006.

[40] PRIMET P V B, SOUDAN S, VERCHERE D. Virtualizing and scheduling optical network infrastructure for emerging IT services[J]. Journal of optical communications and networking, 2009, 1(2): A121-A132.

[41] RITTER M. Virtualized optical networks for sustainable cloud services, ADVA optical networking white paper [EB/OL]. http://mms.businesswire.com/bwapps/mediaserver/ViewMedia?mgid=251192&vid=1, 2010.

[42] SARADHI C V, SUBRAMANIAM S S. Physical layer impairment aware routing (PLIAR) in WDM optical networks: issues and challenges[J]. IEEE communications surveys & tutorials, 2009, 11(4): 109-130.

[43] PENG S, NEJABATI R, AZODOLMOLKY S, et al. An impairment-aware virtual optical network composition mechanism for future Internet[J]. Optics express, 2011, 19(26): B251-B259.

[44] PENG S, NEJABATI R, CHANNEGOWDA M, et al. Application-aware and adaptive virtual data center infrastructure provisioning over elastic optical OFDM networks[C]//Proc. ECOC, 2013.

[45] ITU-T G.694.1. Spectral grids for WDM applications: DWDM Frequency grid[S]. 2002.

[46] JINNO M, KOZICKI B, TAKARA H, et al. Distance-adaptive spectrum resource allocation in spectrum-sliced elastic optical path network[J]. IEEE communications magazine, 2010, 48(8): 138-145.

第7章
灾后面向网络虚拟化的修复方案

　　网络中发生多故障后，运营商最终的目标是修复网络中失效的器件和设备，彻底恢复网络拓扑。这需要运营商合理安排修理方案，派出修理队伍，维护和替换故障器件。随着网络虚拟化（Network Virtualization，NV）的出现，网络业务形态呈现多样性，如何为多故障中修理工设计方案，是运营商需要面对的重要问题。

🔍 7.1　旅行修理工问题概述

7.1.1　研究背景

　　在过去的 20 年中，部分大型电信公司已经建立了灾难恢复机制，并着手培养网络修理队伍[1-3]。例如，美国电报电话公司（AT&T）从 1992 年启动网络灾难恢复项目，提供支援工具车，网络修复所需要的硬件器材、资料和软件等工具，以及全职和志愿者组成的修理队伍[3]。网络中发生灾难后，运营商需要迅速检测到故障的类型及数目，并精确定位故障的位置，制定修复计划。然后针对不同类型的故障，派出修理队伍，乘坐不同的运载工具，修复故障。

　　一个灾难可以引起多个网络元器件失效，而受到维修队伍、资源（包括车辆、设备、工具及耗材等）数量的限制，不能同时向每个故障点安排一队专有修理队伍，因而需要运营商合理安排修理队伍的数目和行程，以减少对网络业务造成的损失。目前运营商在分配修理工时有两种方案：第一种是将多故障区域依据修理工数目划分为若干个子区域，每个子区域安排一支队伍修理[4-8]；第二种方案是在一个多故障区域内，同时派出多个修理工，协同修理过程[9]。

　　针对运营商的这两种策略，本章在网络虚拟化的新型网络业务场景中，提出单修理工问题[7-10]和多修理工问题[9]，给出其解决方案，并仿真验证。

7.1.2　问题定义

与传统点到点的通信方式不同，网络虚拟化转为提供虚拟子网（虚拟拓扑）的模式[11,12]。而网络虚拟化的含义是将物理网络拓扑资源切片化、共享化，从而形成与物理形态完全不同的虚拟子网，这又称为网络资源虚拟化[13]。

网络资源虚拟化中，网络的业务是若干个具有节点和链路组成的虚拟网络。当业务到达时，需要将虚拟拓扑映射到物理链路中，其映射规则是，每个虚拟节点映射到一个物理节点上，每条虚拟链路映射到一条物理路径上[14,15]。灾难发生后，多条物理链路和节点失效，进而影响其承载的虚拟链路和节点。当网络受到故障时，最快捷的方式是直接对受损的业务进行保护和恢复[16,17]，然后派出修理工修复受损的元器件。

因此，旅行修理工（Traveling Repairman Problem，TRP）可描述为：当物理网络发生故障后，运营商需要制订修理计划，并派出若干修理工。在该计划中，修理工从某个起点开始，按照顺序修复所有的故障点，使得灾难对用户和运营商造成的损失最小。

在点到点业务中，故障带来的损失由故障业务数目和修复时间共同组成。而在网络虚拟化中，这两方面均不同。首先，每步时间消耗是灵活的，由旅行时间和修理时间组成。其次，点到点业务由一条路径组成，而虚拟网络中，需要考虑网络连通性和链路可达性。因此，虚拟化网络的损失由不连通虚拟网络（Disconnected Virtual Network，DVN）、失效虚拟链路（Failed Virtual Links，FVL）和失效物理链路（Failed Physical Link，FPL）组成。修理目标的重要性由高至低依次是：最小化 DVN 带来的影响；最小化 FVL 带来的影响；最小化 FPL 带来的影响。

7.2　单旅行修理工解决方案

7.2.1　问题描述

单修理工问题指的是，在灾难发生后，只有一个修理工，去修理所有的故障，其数学描述如下。

（1）输入

G^T：运输网络，从中可计算出灾难区域中的运输距离和时间。

$G^P(N^P, L^P)$：物理拓扑，可以承载虚拟拓扑，其中 N^P 和 L^P 分别是物理节点和链路的集合。

$G_s^V(N_s^V, L_s^V)$：虚拟拓扑请求，其中 s 是虚拟拓扑编号，N_s^V 和 L_s^V 分别是该拓扑和虚拟节点和链路集合，G^V 是 S 个虚拟拓扑的集合。

$G^D(N^D, L^D)$：多故障区域，其中 N^D 和 L^D 分别是失效物理节点和链路集合，且 $N^D \subseteq N^P$，$L^D \subseteq L^P$，$L^D \subseteq L^P$。

B_0：修理工开始工作的点，即其办公室的地方。

n_I^P：物理节点，其中 $n_I^P \in N^P$。

l_{IJ}^P：物理链路，两端为物理节点 n_I^P 为 n_J^P，并且 $l_{IJ}^P \in L^P$。

$n_{i,s}^V$：虚拟节点，其中 $n_{i,s}^V \in N_s^V$。

$l_{ij,s}^V$：虚拟链路，两端为虚拟节点 $n_{i,s}^P$ 和 $n_{j,s}^V$，并且 $l_{ij,s}^V \in L_s^V$。

F：故障的集合，其中 $f_i \in F$ 表示第 i 个故障。

T^T：旅行时间，其中 $t_{IJ}^T \in T^T$ 是集合 $F+B$ 中节点 n_I 和 n_J 的旅行时间。

T^F：故障的修复时间，其中 $t_i^F \in T^F$ 是故障 $f_i \in F$ 的修复时间。

（2）输出

最小化灾难带来的总的影响 C，即 $\min C$。

图 7-1 是单旅行修理工示例，图 7-1（a）是虚拟拓扑集合 G^V，图 7-1（b）是物理拓扑 G^V（实线）和交通拓扑 G^T（虚线）。灾难发生前，图 7-1（a）中的 3 个虚拟拓扑 G_1^V、G_2^V 和 G_3^V 已经映射到图 7-1（b）中的 G^P 上，其映射关系表见表 7-1。灾难区域如图中椭圆所示，其中 l_{BE}^P、l_{BF}^P 和 l_{CE}^P 是失效物理链路，而 f_1、f_2 和 f_3 是故障的精确位置。失效的物理链路引起虚拟链路失效，如 l_{BF}^P 引起拓扑 G_1^V 中 $l_{ab,1}^V$ 失效。在灾难发生后，修理工离开它位于节点 $B_0(n_A^P)$ 的办公室，由此开始修复所有的失效物理链路。其中可能的修复方案是 $B_0 \rightarrow f_1 \rightarrow f_2 \rightarrow f_3$，该方案中旅行与修复时间见表 7-2。

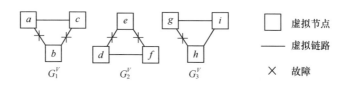

（a）虚拟拓扑集合 G^V

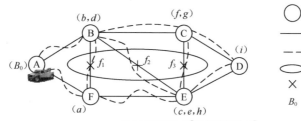

（b）物理拓扑 G^P 和交通拓扑 G^T

图 7-1　旅行修理工问题示例

表 7-1　示例的映射关系

VNs	虚拟链路	物理链路	失效位置
G_1^V	$l_{ab,1}^V$	l_{FB}^P	f_1
	$l_{bc,1}^V$	l_{BE}^P	f_2
	$l_{ca,1}^V$	l_{EF}^P	
G_2^V	$l_{de,2}^V$	l_{BE}^P	f_2
	$l_{ef,2}^V$	l_{EC}^P	f_3
	$l_{fd,2}^V$	l_{CB}^P	
G_3^V	$l_{gh,2}^V$	l_{CE}^P	f_3
	$l_{hi,2}^V$	l_{ED}^P	
	$l_{ig,2}^V$	l_{DC}^P	

表 7-2　示例的时间损耗

符号	时间消耗（h）	工作内容
t_1^T	1.5	旅行路线 $B_0(A) \rightarrow f_1$
t_1^R	2.2	修复 f_1
t_2^T	1.2	旅行路线 $f_1 \rightarrow f_2$
t_2^R	2.4	修复 f_2
t_3^T	2.0	旅行路线 $f_2 \rightarrow f_3$
t_3^R	2.0	修复 f_3

　　假设灾难产生 K 个灾难，刚修复方案的组合，即备选修复方案数目是 $K!$。因此，旅行修理工问题的时间复杂度是 $K!$，表明它是 NP 难问题。本论文中在单修理工原理的基础上，提出辅助图来简化其步骤。运营商在灾难发生后知道失效物理链路的准确位置、故障修复时间、故障间旅行时间以及物理拓扑和虚拟拓扑的映射关系。基于此，辅助图将相关信息整合如下。

　　辅助图 $G^A(N^A, L^A)$ 是一个全连通图，其节点表示修理工要访问的所有点。B_0 表示修理工的办公室，图 7-1（b）中的节点 n_A^P，即修理工出发点；其余节点表示多故障区域中故障。辅助图的链路是单向的，其权值是修理工从当前位置到故障节点的时间以及修理该故障所需的时间。辅助图和虚拟拓扑的映射关系可以从 G^V 和 G^P、G^P 和 G^A 的关系中求得。在图 7-2 中，B_0 由节点 n_A^P 映射而来，辅助节点 f_1、f_2 和 f_3 是故障的位置。由于虚拟链路 $l_{ab,1}^V$ 映射到物理链路 l_{FB}^P，并且 l_{FB}^P 与辅助节点 f_1 相关，因此 $l_{ab,1}^V$ 映射到 f_1。示例中虚拟链路和辅助节点的拓扑见表 7-1。辅助链路的权值由旅行时间和修复时间确定。以 $f_1 \to f_2$ 为例，f_1 到 f_2 的旅行时间是 1.2 h，而修复 f_2 的修复时间是 2.4 h。因此，辅助链路 $f_1 \to f_2$ 的权值是 1.2+2.4=3.6 h。与 $f_1 \to f_2$ 不同，$f_2 \to f_1$ 的权值是 1.2+2.2=3.4 h。

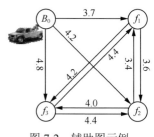

图 7-2 辅助图示例

最终，旅行修理工可以定义为：在辅助图中，找到一条从初始点开始，经过所有辅助节点的路径，使其损失最小。

7.2.2 评价指标

评价指标主要是灾难对网络带来的影响。如果该灾难造成 K 个物理器件故障，网络运营商需要 K 步来修复整个物理网络。我们用 c_k^{DVN} 来表示第 k 步不连通物理拓扑的影响，$\omega_{k-1}^{\mathrm{DVN}}$ 表示第 $k-1$ 步结束时不连通虚拟拓扑的数目，t_k^T 和 t_k^R 分别表示第 k 步的旅行时间和修复时间，即

$$c_k^{\mathrm{DVN}} = \omega_{k-1}^{\mathrm{DVN}}(t_k^T + t_k^R), \quad \forall k \in \{1, \cdots, K\} \tag{7-1}$$

在整个修复过程中，DVN 造成的总的影响是每步影响之和，即

$$C^{\mathrm{DVN}} = \sum_{k \in \{1, \cdots, K\}} c_k^{\mathrm{DVN}} = \sum_{k \in \{1, \cdots, K\}} (\omega_{k-1}^{\mathrm{DVN}}(t_k^T + t_k^R)) \tag{7-2}$$

在前面的示例中，修复方案示例是 $B_0 \to f_1 \to f_2 \to f_3$，而图 7-3 显示的是整个修复过程中的损失。从图 7-3 中得到，在第一步中 DVN 的数目是两个 (G_1^V, G_2^V)，其持续时间是 3.7 h，因此第一步引起的 DVN 损失是 $c_1^{\mathrm{DVN}}=2 \times 3.7=7.4$。第一步到达并修好 f_1，因此在第二步中，物理链路 $l_{ab,1}^V$ 转为正常，而虚拟拓扑 G_1^V 转为连通，在第二步中的 DVN 数目是一个 (G_2^V)，其损失为 $1 \times 3.6=3.6$。同样地，第二步中，f_2 被修复，$l_{de,2}^V$ 在第三步中转为正常，因此在第三步所有虚拟拓扑都连通，则由 DVN 造成的损失是 $0 \times 4=0$。因此，整个修复过程中，造成的 DVN 损失是 7.4+3.6+0=11.0。

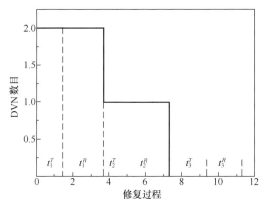

图 7-3　修复过程中由不连通虚拟拓扑造成的损失

类似地，FVL 和 FPL 造成的损失为

$$c_k^{\mathrm{FPL}} = \omega_{k-1}^{\mathrm{FPL}}(t_k^T + t_k^R), \quad \forall k \in \{1, \cdots, K\} \qquad (7\text{-}3)$$

$$C^{\mathrm{FPL}} = \sum_{k \in \{1, \cdots, K\}} c_k^{\mathrm{FPL}} = \sum_{k \in \{1, \cdots, K\}} \omega_{k-1}^{\mathrm{FPL}}(t_k^T + t_k^R) \qquad (7\text{-}4)$$

$$c_k^{\mathrm{FVL}} = \omega_{k-1}^{\mathrm{FVL}}(t_k^T + t_k^R), \quad \forall k \in \{1, \cdots, K\} \qquad (7\text{-}5)$$

$$C^{\mathrm{FVL}} = \sum_{k \in \{1, \cdots, K\}} c_k^{\mathrm{FVL}} = \sum_{k \in \{1, \cdots, K\}} \omega_{k-1}^{\mathrm{FVL}}(t_k^T + t_k^R) \qquad (7\text{-}6)$$

其中，ω_k^{FVL} 和 ω_k^{FPL} 是在第 k 步中失效虚拟链路和失效物理链路的数目，c_k^{FVL} 和 c_k^{FPL} 是第 k 步中失效虚拟链路和失效物理链路的影响，C^{FVL} 和 C^{FPL} 是失效虚拟链路和失效物理链路总的影响。

7.2.3　线性规划

在这一节中，使用 MILP 来解决旅行修理工问题。

1. 符号

$G^A(N^A, L^A)$：辅助图，其中 N^A 和 L^A 分别是辅助节点和链路的集合。

$G^V = \{G_1^V, \cdots, G_S^V\}$：虚拟拓扑的集合。

$G_s^V(N_s^V, L_s^V)$：第 s 个虚拟拓扑，其中 N_s^V 和 L_s^V 分别是节点和链路的集合。

T_{uv}：辅助链路 $f_u \rightarrow f_v$ 的权值，是从 f_u 到 f_v 的旅行时间和修复 f_v 的时间之和。

Π^{AV}：G^A 和 G^V 的映射关系。$\pi_{u,(i,j),s}^{AV} = 1$，表示 $l_{ij,s}$ 映射在 f_u；否则为 0。

K：失效物理链路的数目。

S：虚拟拓扑的数目。

$B_0 \in N^A$：修理工的出发节点。

2. 变量

C：非负 float 变量，修复过程中总的损失。

C^{DVN}：非负 float 变量，修复过程中 DVN 带来的损失。

C^{FVL}：非负 float 变量，修复过程中 FVL 带来的损失。

C^{FPL}：非负 float 变量，修复过程中 FPL 带来的损失。

$\phi_{u,k}^{A}$：二值变量，表示辅助节点 f_u 在第 k 步的状态。f_u 在第 k 步被修复，其值为 1；否则为 0。

$h_{u,k}$：非负 float 变量，表示在第 k 步的时间消耗。

$\eta_{(i,j),s,k}$：二值变量，表示虚拟链路 $l_{ij,s}^{V}$ 在第 k 步的状态。$l_{ij,s}^{V}$ 在第 k 步的已被修复，其值为 1；否则为 0。

$x_{(p,q),(i,j)s,k}$：二值变量。在第 k 步，从虚拟节点 $n_{p,s}^{V}$ 到 $n_{q,s}^{V}$，使用虚拟链路 $l_{ij,s}^{V}$，其值为 1；否则为 0。

$y_{(p,q),(i,j)s,k}$：二值变量。在第 k 步，从虚拟节点 $n_{p,s}^{V}$ 到 $n_{q,s}^{V}$，使用虚拟链路 $l_{ij,s}^{V}$，并且 $l_{ij,s}^{V}$ 失效，其值为 1；否则为 0。

$r_{s,k}$：二值变量。在第 k 步，虚拟拓扑 s 不连通，其值为 1；否则为 0。

3. 目标

优化目的是使得总的失效最小，即

$$\min C = \min(\alpha C^{\mathrm{DVD}} + \beta C^{\mathrm{FVL}} + \gamma C^{\mathrm{FPL}}) \tag{7-7}$$

其中，α、β 和 γ 分别是不连通虚拟拓扑、失效虚拟链路和失效物理链路的权重，它们的关系是 $\alpha \gg \beta \gg \gamma$。

4. 约束

约束条件分为 4 个部分。第一部分用来约束 G^A 中的路径，其他 3 个部分分别约束 DVN、FVL 和 FPL 的损失。

（1）找出 G^A 中的路径

在这个模型中，需要找出辅助节点的修复顺序，而由于 G^A 是一个全连通图，即每个辅助节点连接到其他所有辅助节点。式（7-8）找出第一个节点的状态；式（7-9）确保在第 k 步中，只有一个故障被修复；式（7-10）表示在整个修复过程中，每一步中只修复一个故障。

$$\phi_{u=0,k=0}^{A} = 1 \tag{7-8}$$

$$\sum_{f_u \in N^A} \phi_{u,k}^{A} = 1, \quad \forall k \in \{0, \cdots, K\} \tag{7-9}$$

$$\sum_{\forall k \in \{0, \cdots, K\}} \phi_{u,k}^A = 1, \quad f_u \in N^A \tag{7-10}$$

因此，式（7-11）表示第 k 步的时间。

$$t_k = \sum_{f_u \in N^A} \sum_{f_v \in N^A} t_{uv} (\phi_{u,k}^A \wedge \phi_{v,k-1}^A), \quad \forall k \in \{1, \cdots, K\} \tag{7-11}$$

（2）计算 FPL 带来的影响

在第一步中，只有一个 FPL 被修复，因此总的 FPL 带来的影响（C^{FPL}）由式（7-12）计算得出。

$$C^{\mathrm{FPL}} = \sum_{k \in \{1, \cdots, K\}} \sum_{f_u \in N^A} \phi_{u,k-1}^A t_k \tag{7-12}$$

（3）计算 FVL 带来的影响

由 FVL 带来的损失（C^{FVL}）包括失效故障的数目和其持续时间。式（7-13）确保故障 f_u 被修复。

$$h_{u,k} = \sum_{k' \in \{0, \cdots, K\}} \phi_{u,k'}^A, \quad \forall f_u \in N^A, \ k \in \{0, \cdots, K\} \tag{7-13}$$

式（7-14）找出在第 k 步中，虚拟链路 $l_{ij,s}^V$ 的状态。

$$\eta_{(i,j),s,k} = \bigvee_{f_u \in N^A} ((1 - h_{u,k}) \wedge \pi_{u,(i,j),s}^{AV}), \quad \forall n_{i,s}^V, n_{j,s}^V \in N_s^V, \ s \in \{1, \cdots, s\}, \ k \in \{0, \cdots, K\} \tag{7-14}$$

式（7-15）求出 FVL 在整个修复过程中带来的影响为

$$C^{\mathrm{FVL}} = \sum_{s \in \{1, \cdots, S\}} \sum_{l_{ij,s}^V \in L_s^V} \sum_{k \in \{1, \cdots, K\}} \eta_{(i,j),s,k-1} t_k \tag{7-15}$$

（4）计算 DVN 带来的影响

在整个修复过程中，由 DVN 造成的损失基于整个过程中虚拟拓扑中的状态。式（7-16）使用流守恒条件，找出第 k 步第 s 个虚拟拓扑中，从虚拟节点 p 到 q 的路径；式（7-17）确保这条路径是连通的；式（7-18）表示第 s 个虚拟拓扑是连通的。

$$\sum_{l_{ij,s}^V \in L_s^V} x_{(p,q)(i,j),s,k} - \sum_{l_{ij,s}^V \in L_s^V} x_{(p,q)(j,i),s,k} = \begin{cases} 1, & j = p \\ -1, & j = q \\ 0, & \text{其他} \end{cases} \tag{7-16}$$

$$\forall n_{p,s}^V, n_{q,s}^V, n_{i,s}^V \in N_s^V, \ k = \{1, \cdots, K\}$$

$$y_{(p,q),(i,j),s,k} = x_{(p,q),(i,j),s,k} \wedge \eta_{(i,j),s,k}, \quad \forall n_{p,s}^V, n_{q,s}^V \in N_s^V, \ l_{ij,s}^V \in L_s^V, \ k \in \{1,\cdots,K\} \quad (7\text{-}17)$$

$$r_{s,k} = \mathop{\wedge}\limits_{n_{p,s}^V, n_{q,s}^V \in N_s^V, l_{ij,s}^V \in L_s^V} y_{(p,q),(i,j),s,k}, \quad \forall s \in \{1,\cdots,S\}, \ k \in \{1,\cdots,K\} \quad (7\text{-}18)$$

最终，DVN 造成的损失由式（7-19）确定。

$$C^{\mathrm{DVN}} = \sum_{k \in \{1,\cdots,K\}} \sum_{s \in \{1,\cdots,S\}} r_{s,k-1} t_k \quad (7\text{-}19)$$

7.2.4　启发式算法

在本节中，3 个启发式算法用来处理单旅行修理工问题，分别是贪婪算法（Greedy Algorithm，GR）、动态规划算法（Dynamic Programming，DP）和模拟退火算法（Simulated Annealing，SA）。

1. 贪婪算法

贪婪算法的思路是在每步中最小化多故障带来的影响。从式（7-1）、式（7-3）和式（7-5）可以得到式（7-20），即在第 k 步中修复 f_u 带来的损失。

$$c_{k,u} = \alpha c_{k,u}^{\mathrm{DVN}} + \beta c_{k,u}^{\mathrm{FVL}} + \gamma c_{k,u}^{\mathrm{FPL}} \quad (7\text{-}20)$$

贪婪算法中，使用 ϕ_k 表示在第 k 步修复的失效物理链路，Φ_k 表示从第 0 步到第 k 步的修复方案，Φ_K 是最终的修复方案。首先，所有辅助节点 $f_u \in N^A$ 的损失都被计算出来，然后选择出具有最小损失的 f_u 在第一步被修复，加入 Φ_0；在第 k 中，具有最小损失的 $f_u \in N^A - \Phi_{k-1}$ 被修复；最终，在 K 步后，所有的故障都被修复了。贪婪算法的伪代码见表 7-3。

表 7-3　贪婪算法

输入：$G^A(N^A, L^A)$ 为辅助图；G^V 为虚拟网络集合；Π^{VA} 为辅助图和虚拓扑的映射关系；B_0 为修理工的初始位置；$\Phi_0 = \{B_0\}$ 为修复方案的初始状态；M 为一个极大值，如 10^5。
输出：Φ_K 为修复方案（ϕ_k 是第 k 所修复的故障）。

1: **for** 所有 $k \in \{1,\cdots,K\}$ **do**
2: 　　　$c_k = M$, $\phi_k = $null
3: 　　　**for** 所有 $f_v \in N^A$ **do**
4: 　　　　　**for** 所有 $r_j \in \mathrm{R}$ **do**
5: 　　　　　　　通过 G^A、G^V 和 Π^{VA} 计算 $c_{k,v}$ 的值
6: 　　　　　　　**if** $c_{k,v} < c_k$ **then**
7: 　　　　　　　　　$\phi_k = f_v$, $c_k = c_{k,v}$
8: 　　　　　　　**end if**

（续表）

9:　　　　**end for**

10:　　　　$\Phi_k=\Phi_{k-1}+\phi_k$

11:　　　　$N^A=N^A-\phi_k$

12: **return** Φ_K

2. 动态规划算法

动态规划算法是通过将一个复杂的问题变成若干简单子问题的解决方法[18]。

在此，ϕ_k 表示第 k 步修复的失效物理链路，$\Phi_{k,v}$ 表示第 k 步修复方案，其损失是 MC_k，并且辅助节点 f_v 是序列中最后一个修复的故障，即 $\Phi_{k,v}=f_v$。在第 $k+1$ 步中，故障 f_u 被修复，而 f_v 到 f_u 的代价是 c_{uv}。因此，第 $k+1$ 步的代价是 $MC_k+c_{u,v}$。分析 DP 每一步的代价。

第 1 步，修理工离开 B_0 到 f_u，其代价为

$$MC_1[f_u,\Phi_{0,0}]=c_{u,0},\ \ \forall f_u\in N^A \tag{7-21}$$

第 2 步，故障 f_v 在故障 f_u 后面被修复，因此第 2 步的代价为

$$MC_2[f_u,\Phi_{1,v}]=MC_1[f_v,\Phi_{0,0}]+c_{uv},\ \ \forall u,v\in\{1,\cdots,K\} \tag{7-22}$$

第 k 步（$k\in\{3,\cdots,K\}$），在修复次序 $\Phi_{k-1,v}$ 后修复故障 f_u 的代价为

$$MC_k[f_u,\Phi_{k-1,v}]=\min_{f_d\in\Phi_{k-1,v}}\{MC_{k-1}[f_d,\Phi_{k-1,v}-f_d]+c_{du}\},\ \ \forall k\in\{1,\cdots,K\} \tag{7-23}$$

最终，我们通过计算 K 步，得到最终的计算结果，其伪代码见表 7-4。

表 7-4　动态规划

输入：$G^A(N^A,L^A)$ 为辅助图；G^V 为虚拟网络集合；Π^{VA} 为辅助图和虚拓扑的映射关系；B_0 为修理工的初始位置；$\Phi_0=\{B_0\}$ 为修复方案的初始状态；M 为一个极大值，如 10^5。

输出：Φ_K 为修复方案（ϕ_k 是第 k 所修复的故障）。

1:　**for** 所有 $f_u\in N^A$ **do**

2:　　　通过 G^A、G^V 和 Π^{VA} $c_{u,0}$ 的值。

3:　　　通过式（7-22）计算 $MC_2[f_u,\Phi_{0,0}]$ 的值。

4:　**end for**

5:　**for** 所有 $f_u\in N^A$ **do**

6:　　　for 所有 $f_u\in N^A-f_u$ do

7:　　　　通过 G^A、G^V 和 Π^{VA} 计算 $c_{u,v}$ 的值。

8:　　　　通过式（7-21）计算 $MC_2[f_u,\Phi_{1,v}]$ 的值。

（续表）

9:       **end for**

10: **end for**

11: **for** 所有 $k \in \{3, \cdots, K\}$ **do**

12:       **for** 所有 $f_u \in N^A$ **do**

13:           **for** 所有 $f_v \in N^A$ **do**

14:                通过 G^A、G^V 和 $\pi_{N,(i,j),s}^{VA}$ 计算 $c_{u,v}$ 的值。

15:                通过式（7-22）计算 $MC_k[f_u, \Phi_{k-1,v}]$ 的值。

16:           **end for**

17:       **end for**

18: **end for**

19: $\Phi_K = \Phi_{K,u}$ 有最小的损耗 C，$\forall f_u \in N^A$。

20: **return** Φ_K

通过 DP 可以计算出所有备选方案的代价，选择最小代价作为最终结果，这与 MILP 的结果一致。

3. 模拟退火算法

尽管 DP 算法可以得到最优的修复结果，但它的时间复杂度比较高。因此，选择模拟退火算法[19]来提供一个可能的最优算法。首先，产生一个初始的修复计划 Φ_{initial}，然后计算出初始温度 Θ_{initial} 和停止温度 Θ_{stop}。备选修复方案集合 S_Φ 用来记录修理工的备选修复方案。Φ_{temp} 和 C_{temp} 用来记录当前临时修复方案及其带来的损失。

基于代价为 C_{temp} 的临时修复方案 Φ_{temp}，随机产生一个代价为 C_{new} 的新修复方案 Φ_{new}，然后与 Φ_{temp} 进行比较。其接收概率为

$$P_{\text{temp}} = \begin{cases} \exp(-\Delta C / \Theta_{\text{temp}}), & \Delta C > 0 \\ 1, & \Delta C \leqslant 0 \end{cases} \qquad (7\text{-}24)$$

其中，$\Delta C = C_{\text{new}} - C_{\text{temp}}$。然后产生一个在 0 到 1 之间均匀分布的随机数 $\text{random}(0,1)$。如果 $\text{random}(0,1) > P_{\text{temp}}$ 或者 $P_{\text{temp}} = 1$，则修复方案 Φ_{new} 收录在备选方案集合 S_Φ 中。

SA 算法有两个循环，分别是内循环和外循环。对于内循环，如果连续 $\omega_{\text{in}}^{\text{stop}}$ 个方案不被接受，则基于临时温度 Θ_{temp} 来产生新的温度 Θ_{new}，其冷却函数为

$$\Theta_{\text{new}} = \lambda \Theta_{\text{temp}} \qquad (7\text{-}25)$$

其中，λ 是冷却函数，其范围是 $(0,1)$。

对于外循环，如果连续 $\omega_{\text{ex}}^{\text{stop}}$ 个温度都没有候选方案集合，或者 $\Theta_{\text{temp}} < \Theta_{\text{stop}}$，则停止模拟退火算法。

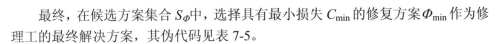

最终，在候选方案集合 S_Φ 中，选择具有最小损失 $C_{\min}$ 的修复方案 $\Phi_{\min}$ 作为修理工的最终解决方案，其伪代码见表 7-5。

表 7-5　模拟退火

输入：$G^A(N^A, L^A)$ 为辅助图；G^V 为虚拟网络集合；IT^{VA} 为辅助图和虚拓扑的映射关系；B_0 为修理工的初始位置；$\Phi_0=\{B_0\}$ 为修复方案的初始状态；Θ_{initial} 和 Θ_{stop} 为初始和终止温度；$\omega_{\text{ex}}^{\text{stop}}$ 和 $\omega_{\text{in}}^{\text{stop}}$ 为外循环和内循环循环的最大次数。

输出：Φ_K 为修复方案（ϕ_k 是第 k 所修复的故障）。

1：　通过贪婪算法找到初始的方案 Φ_{initial} 及代价 C_{initial}。

2：　初始化 Θ_{temp}、C_{temp}、Θ_{temp}、S_Θ、ω_{ex} 和 ω_{in}。

3：　**while** ($\Theta_{\text{temp}} > \Theta_{\text{stop}} \| \omega_{\text{ex}} < \omega_{\text{ex}}^{\text{stop}}$)

4：　　　$\omega_{\text{in}}=0$, $F_{\text{ex}}=\text{true}$

5：　　　**while** ($\omega_{\text{in}} < \omega_{\text{in}}^{\text{stop}}$)

6：　　　　　在 Θ_{tem} 中随机选择 ϕ_m 和 ϕ_n 生成新的 Θ_{new}。

7：　　　　　计算新方案的损失 C_{new} 及与上一个方案的差值 ΔC。

8：　　　　　通过式（7-24）计算概率 P。

9：　　　　　**if** $0 \geqslant \Delta C \| P > \text{random}(0,1)$ **then**

10：　　　　　　　$S_\Phi += \Phi_{\text{new}}$, $\Phi_{\text{temp}}=\Phi_{\text{new}}$, $C_{\text{temp}}=C_{\text{new}}$, $\omega_{\text{in}}=0$, $\omega_{\text{ex}}=0$, $F_{\text{ex}}=\text{false}$

11：　　　　　**else**

12：　　　　　　　ω_{in}++

13：　　　　　**end if**

14：　　　**end while**

15：　　　**if** $F_{\text{ex}}==\text{true}$ **then**

16：　　　　　ω_{ex}++

17：　　　**end if**

18：　　　$\Theta_{\text{temp}}=\lambda\Theta_{\text{temp}}$

19：　**end while**

20：　$\Phi_K=\{\Phi \in S_\Phi$ 具有最小的代价 $C\}$

21：　**return** Φ_K

在本节中，分析 GR、DP 和 SA 的时间复杂度。

（1）GR 的时间复杂度

GR 算法使用两个循环。第一个循环决定次序中的第 k 个节点，一共有 K 步。在第二个循环中，我们计算修复剩余其他故障的代价，然后找出具有最小代价的节点。在第 k 步，$k-1$ 个节点已经被决定了，在此步中计算了 $K-(k-1)$ 个节点的代价。GR 的总共计算时间为

$$T^{GR} = \sum_{k\in\{1,\cdots,K\}} K(K-k+1)t = (K(K+1)/2)t \qquad (7\text{-}26)$$

因此，GR 的时间复杂度为 $O(k^2)$。

（2）DP 的时间复杂度

对于 DP，总的计算时间分解为每一步的计算时间。在第一步，有 K 个可能，因此计算时间是 Kt。对于第二步，可能的计算方案是 K（$K-1$），因此第二步的计算时间为 $K(K-1)t$。对于第 k（$k \geq 3$）步，消耗的时间是 $K\begin{pmatrix} k-1 \\ K-1 \end{pmatrix}t$。最终，DP 总的计算时间为

$$T^{\mathrm{DP}} = K(K-1)t + K(K-1)t + \sum_{k \in \{3, \cdots, K\}} K\begin{pmatrix} k-1 \\ K-1 \end{pmatrix}(k-1)t \qquad (7\text{-}27)$$
$$= (K + K(K-1)2^{K-2})t$$

最终，DP 的时间复杂度为 $O(K^2 2^{K-2})$。

（3）SA 的时间复杂度

对于 SA，很难通过其计算时间直接得到其时间复杂度，因为它的接受概率是随机产生的[19]，但是由于其是收敛的，我们可以定性地分析 SA 的复杂度[20]。

SA 算法总的时间消耗与开始温度 $\Theta_{\mathrm{initial}}$，结束温度 Θ_{stop} 和退火系数 λ 相关。在 SA 中有两个循环：第一个用来找出当前临时温度 Θ_{temp}。本节，假设外循环的数目是 $\varepsilon_{\mathrm{ex}}$。对于外循环，我们使用式（7-28）决定循环的数目 $\varepsilon_{\mathrm{ex}}$。

$$\Theta_{\mathrm{initial}}\lambda^{\varepsilon_{ex}-1} \leqslant \Theta_{\mathrm{stop}} \leqslant \Theta_{\mathrm{initial}}\lambda^{\varepsilon_{ex}} \qquad (7\text{-}28)$$

对于内循环，使用 $\varepsilon_{\mathrm{in}}$ 来表示第一步产生的备选修复方案数目。因为循环是收敛的，并且每一步的接收概率都很类似，所以其他每一步产生的备选修复方案数目都少于 $\varepsilon_{\mathrm{in}}$。因此，SA 的上限可以通过式（7-29）来表示。

$$T^{\mathrm{SA}} \leqslant \varepsilon_{\mathrm{ex}}\varepsilon_{\mathrm{in}}Kt \qquad (7\text{-}29)$$

最终，SA 的时间复杂度为 $O(\varepsilon K)$，其中 $\varepsilon = \varepsilon_{\mathrm{ex}}\varepsilon_{\mathrm{in}}$。

7.3 多旅行修理工解决方案

7.3.1 问题描述

1. 问题描述

物理网络为虚拟网络提供资源。虚拟节点需要存储和计算资源，而虚拟链路需要物理链路的容量资源。另外，在每个虚拟链路中，不同的虚拟节点通过映射方案分配到不同的物理节点中，而每个虚拟链路映射到一个物理路径，这个物理

路径两端的物理节点容纳该虚拟链路两端的虚拟节点。

一个多故障事件改变了物理链路的连通性。一些物理网络的器件可能受到故障，它可能影响到其所承载的虚拟网络。注意到一个故障可能影响到多个物理链路，而一个物理链路可能被多个故障影响。

在实际中，针对一个物理网络，修理工的数目有多个，其位置、运载工具（如卡车和直升机）、修理设备以及材料等均有差异。因此，在需要考虑多个不同修理工同时修理所带来的影响。在本节中，修理工简化为乘坐卡车与乘坐直升机两类。而故障分为 3 类，其与修理工的关系如下。

- 普通故障（General Failure）：故障可以被任意修理工修复（如光纤断裂和放大器失效）。

- 节点故障（Node Failure）：由于可能需要特殊的大型设备，此类故障只能被乘卡车的修理工修复。

- 封闭故障（Inaccessible Failure）：故障在一个难以靠近的位置，可能是山区，周围的路都被灾难损坏；此类故障只能被乘直升机的修理工修复。

因此，多旅行修理工问题（Multiple Traveling Repairmen Problem，MTRP）定义如下：在多故障发生后，基于物理网络、虚拟网络、修理工和故障等信息，网络运营商需要为多个修理工安排修复方案。这个方案需要决定故障的修复顺序，以及分配哪个修理工去修复这个故障。其目标是，尽量减少由多故障事件造成的影响。多旅行修理工问题的数学模型如下。

（1）输入

$G^P(N^P, L^P)$：物理拓扑，其中 N^P 和 L^P 分别是物理节点和链路的集合。

$G_s^V(N_s^V, L_s^V)$：虚拟链路请求，其中 s 是编号，N_s^V 和 L_s^V 分别是第 s 个虚拟拓扑的虚拟节点和链路的集合，G^V 是 S 个虚拟网络的集合。

$G^D(N^D, L^D)$：多故障区域，其中 N^D 和 L^D 分别是失效物理节点和链路的集合，且 $N^D \subseteq N^P$，$L^D \subseteq L^P$。

F：故障的集合，其中 $f_i \in F$ 表示第 i 个故障。

R：修理工的集合，其中 $r_i \in R$ 表示第 i 个修理工。

B：修理工基地的集合，其中 $b_i \in B$ 是修理工 r_i 的基地，即 r_i 开始修理工作的起点。

n_I^P：物理节点，其中 $n_I^P \in N^P$。

l_{IJ}^P：物理链路，两端为物理节点 n_I^P 为 n_J^P，并且 $l_{IJ}^P \in L^P$。

$n_{i,s}^V$：虚拟节点，其中 $n_{i,s}^V \in N_s^V$。

$n_{ij,s}^V$：虚拟链路，两端为虚拟节点 $n_{i,s}^V$ 和 $n_{j,s}^V$，并且 $l_{ij,s}^V \in L_s^V$。

T^T：两点之间的旅行时间，其中 $t_{IJ}^T \in T^T$ 是集合 $F+B$ 中 n_I 到 n_J 的旅行时间。

T^F：故障的修复时间，其中 $t_i^F \in T^F$ 是故障 $f_i \in F$ 的修复时间。

（2）输出

Φ：故障修复顺序，其中 ϕ_k 是第 k 步修复的故障。

Ψ：修理工分配方案，其中 ψ_k 是第 k 步的修理工。

（3）目标

最小化灾难带来的总的影响 C，即 $\min C$。

图 7-4（a）是德国电信网络 G^P 的拓扑，其中有 36 个节点、63 条链路和 3 个修理工的基地（其中一个是直升机基地，两个是卡车基地）。当一个多故障发生时，引发 14 个普通故障，一个节点故障和 3 个封闭故障。其中节点故障 f_8 影响到 5 条物理链路，而物理链路 l^P_{8-9}、l^P_{11-12} 和 l^P_{12-17} 均被两个故障所影响。

在多故障事件发生前，一个虚拟拓扑 G^V_0 被映射到 G^P 中，如图 7-4（b）所示。该虚拟拓扑有 5 个节点和 6 条链路。图 7-4（d）显示的是映射的细节，其中黑色实线表示映射的路径。当多故障事件发生后，由于该事件造成多物理故障，影响了其中承载的虚拟网络和链路。在示例中，故障 f_{13}、f_{14} 和 f_{12} 造成物理链路 l^P_{16-21}、l^P_{20-23} 和 l^P_{15-20} 故障，进而引起虚拟链路 $l^V_{ab,0}$、$l^V_{be,0}$ 和 $l^V_{ea,0}$ 失效；最终由于虚拟节点 $n^V_{a,0}$ 的分离而造成 G^V_0 不连通。

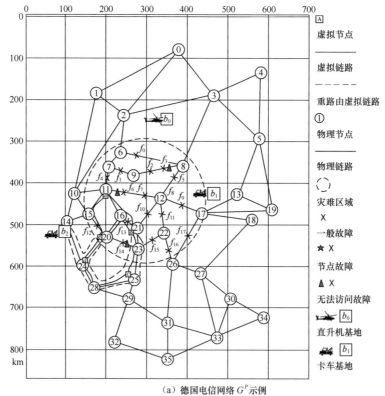

（a）德国电信网络 G^P 示例

图 7-4 多个旅行修理工示例

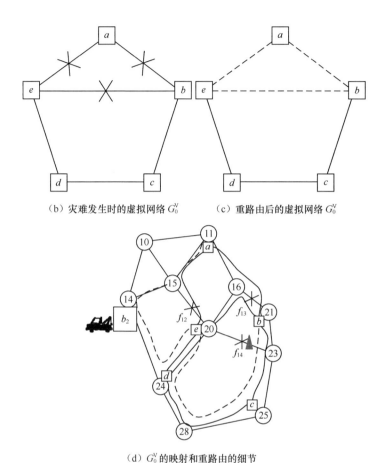

（b）灾难发生时的虚拟网络 G_0^V　　（c）重路由后的虚拟网络 G_0^V

（d）G_0^V 的映射和重路由的细节

图 7-4　多个旅行修理工示例（续）

　　网络运营商需要首先精确地定位故障的位置。使用故障位置、修理工基地和虚拟拓扑映射等信息，合理地安排修理工的计划来修复实际网络。图 7-5（a）是一个可能计划的示例，该计划包含故障修复方案 Φ 和修理工分配方案 Ψ。例如，在第一步中 f_0 由 r_0 修复，因此 ϕ_1 和 ψ_1 分别是 f_0 和 r_0。同样地，所有 K 个故障在 K 步之后完全修复。图 7-5（b）显示的是每个修理工的修复路径，例如修理工 r_0 从基地 b_0 开始，首先修复 f_0，然后依次是 f_2、f_3、f_5、f_{10}、f_{16}、f_{17}、f_7、f_6 和 f_{14}。图 7-5（c）表示的是在整个修复过程中，失效物理链路（Failed Physical Link，FPL）和修复时间之间的关系。在步骤 1 中，f_0 由 r_0 修复，因此物理链路 l_{6-8}^P 被修复，因此总的故障链路数目在第一步递减至 14。在考虑 r_1 的修复过程中，只有两个故障 f_9 和 f_8 均被修复后，l_{8-9}^P 才能转为正常。而所有的失效物理链路均在最后修复成功。

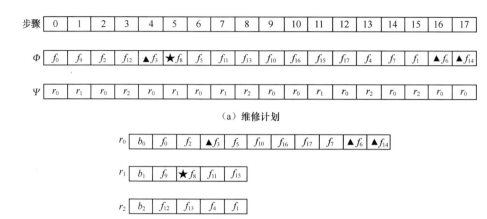

(a) 维修计划

(b) 每个修理的维修计划

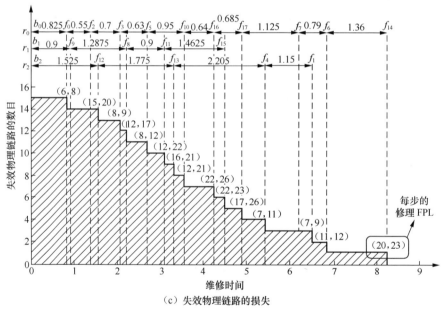

(c) 失效物理链路的损失

图 7-5　修复计划示例

2. 重路由问题

多故障事件发生后，修理工被分配用来修复网络中的故障器件。但是，与此同时，为了减少灾难对业务的影响，失效虚拟链路可以使用已存在物理链路中的空闲资源进行重路由。在本节中被称为重路由。下面分析网络修复计划中有重路由和无重路由的区别。

（1）无重路由的修复方案

在本方案中，失效虚拟链路只有在承载它的失效物理链路均修复后才能恢复正常，如图 7-4（d）中的灰色实线。根据示例中的修复计划，影响到 G_0^V 的物理故障 f_{12}、f_{13} 和 f_{14} 分别在第 4、9、18 步才修理完成，即多故障事件对业务造成的影响，直到第 18 步结束才消除。

（2）有重路由的修复方案

在本方案中，在每一步之前，首先尝试将所有的失效虚拟链路在正常物理链路的空闲容量中进行重路由，用来减少多故障事件对虚拟链路所造成的影响。如图 7-4（d）所示，假设物理链路的空闲资源充足，则失效虚拟链路 $l_{ab,0}^V$、$l_{ae,0}^V$ 和 $l_{be,0}^V$ 可以图中物理路径（灰色虚线）在第一步前进行修复。因此，可以将故障对 G_0^P 所造成的影响减少至 0。

7.3.2　启发式算法

在本节中，贪婪算法和模拟退火算法用来解决多旅行修理工问题。

1. 贪婪算法

贪婪算法的主要目的是在每步中，修复的链路能够使灾难带来的损失最少。如式（7-30）和式（7-32）所示，第 k 步中，由修理工 r_i 修复故障 f_j 的代价为

$$c_{k,i,j} = \alpha c_{k,i,j}^{\mathrm{DVN}} + \beta c_{k,i,j}^{\mathrm{FVL}} + \gamma c_{k,i,j}^{\mathrm{FPL}} \qquad （7-30）$$

在每一步中，故障 $f_i \in F$ 由修理工 $r_j \in R$ 修复的代价 $c_{i,j,k}$ 被计算出来。然后，在第 k 步中，选出有着最小故障的组合。在每一步中都这样进行选择，最终得到完整的修复方案。贪婪算法的伪代码见表 7-6。

表 7-6　贪婪算法

输入：$G^P(N^P, L^P)$ 为实拓扑；G^V 为虚拟网络集合；Π^{PA} 为实拓扑和虚拓扑的映射关系；R 为修理工的集合；B 为修理工基地的集合；F 为故障的集合；M 为一个极大值（如 10^5）。
输出：Φ 为修复方案（ϕ_k 是第 k 所修复的故障）；Ψ 为修理工方案（ψ_k 是第 k 所修复的修理工）。

1:　**for** 所有 $k \in \{1, \cdots, K\}$ **do**
2:　　　$c_k = M$, ϕ_k=null, ψ_k=null
3:　　　**for** 所有 $f_i \in F$ **do**
4:　　　　　**for** 所有 $r_j \in R$ **do**
5:　　　　　　　修理工 r_j 修理 f_i。
6:　　　　　　　重路由故障的虚链路。

7:	通过 G^P、G^V 和 Π^{PV} 计算 $c_{k,i,j}$ 的值。
8:	**if** $c_{k,i,j} < c_k$ **then**
9:	$\phi_k = f_i,\ \psi_k = r_j,\ c_k = c_{k,i,j}$
10:	**end if**
11:	**end for**
12:	$\Phi = \Phi + \phi_k,\ \Psi = \Psi + \psi_k$
13:	$F = F - f_i$
14:	**end for**
15:	**end for**
16:	**return** Φ 和 Ψ

2. 模拟退火算法

在本节中，模拟退火算法用来解决多旅行修理工问题。

（1）修理工的修复路径

如图 7-5（b）所示，修复程序被分为若干路径，被定义为路内操作（在同一路径内）和路间操作（在两条不同的路径间）。

（2）模拟退火算子

本论文提出 3 种算子，其中有两条路内操作和一条路间操作。

路内反转（Internal-Route Inversion，IRI）：路内反转操作中，首先随机选择一个修理工的路径，然后随机选择其一段故障次序（有两个及以上故障），最后对这段次序进行反转。如图 7-6（a）所示，r_0 首先被选择，然后选择其中故障次序 f_3-f_5-f_{10}-f_{16}，最终反转形成新的故障次序 f_{16}-f_{10}-f_5-f_3。

路内交换（Internal-Route Transposition，IRT）：路内交换操作选择一条随机路径中的两段故障次序，然后交换其位置，形成新的路径。如图 7-6（b）所示，故障次序 f_3-f_5-f_{10} 和 f_6-f_{14} 被选择和交换。

路间交换（External-Route Transposition，ERT）：路间交换操作指的是随机选择两个修理工，在每个路径中随机选择一段故障次序，然后交换其位置，形成两个新的路径。在某条路径中，如果有部分故障，不能被另一个修理工修复，则这个故障被保留在原有的序列中，不能交换。如图 7-6（c）所示，r_0 的次序 f_{16}-f_{17}-f_7-f_6 和 r_1 的次序 f_8-f_{11} 被选择用来交换。其中，f_6 是一个封闭故障，仅能被乘直升机的修理工 r_0 修复；而 f_8 是一个节点故障，仅能被乘卡车的修理工 r_1 和 r_2 修复，因此这两个故障则保留在原有路径中。

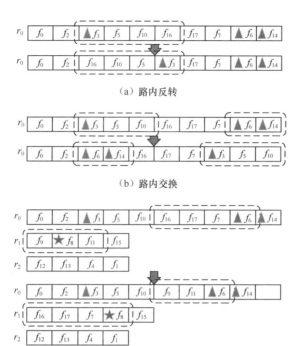

图 7-6　模拟退火算法算子

（3）模拟退火过程

首先，找到一个初始的修复方案 Φ_{initial} 和 Ψ_{initial}，其代价为 C_{initial}。方案集合 S_Φ 和 S_Ψ 用来记录候选修复方案。拥有代价 C_{temp} 的 Φ_{temp} 和 Ψ_{temp} 用来记录当前方案。然后，确定初始和结束的退火温度 Θ_{initial} 和 Θ_{stop}。Θ_{temp} 用来表示当前温度。

对于当前温度 Θ_{temp}，给定方案 Φ_{temp} 和 Ψ_{temp} 及损失 C_{temp}，随机选择一个模拟退火算子，形成新的方案 Φ_{new} 和 Ψ_{new} 及损失 C_{new}。然后计算出新方案的接收概率 P 为

$$P = \begin{cases} \exp(-\Delta C / \Theta_{\text{temp}}), & \Delta C > 0 \\ 1, & \Delta C \leqslant 0 \end{cases} \tag{7-31}$$

其中，$\Delta C = C_{\text{new}} - C_{\text{temp}}$。在得到 P 后，随机生成一个 0 到 1 之间的值 rand(0,1)。如果 rand(0,1)>P，这个新的方案被添加到候选方案集合 S_Φ 和 S_Ψ 中去，并且更新临时方案，即 $\Phi_{\text{temp}} = \Phi_{\text{new}}$、$\Psi_{\text{temp}} = \Psi_{\text{new}}$ 和 $C_{\text{temp}} = C_{\text{new}}$。

模拟退火算法中有两个循环。在内循环中，当前温度 Θ_{temp} 不变。在持续 $\omega_{\text{in}}^{\text{stop}}$ 个方案不被接收后，当前的内循环 Θ_{temp} 结束，然后由式（7-32）中形成新临时温度。

$$\Theta_{temp} = \lambda \Theta_{temp} \qquad\qquad\qquad (7\text{-}32)$$

其中，λ 是退火系数，范围是 $(0,1)$。

对于外循环，如果持续 ω_{ex}^{stop} 个温度（内循环）没有修行解决方案，或者 Θ_{temp} 比结束温度低（$\Theta_{temp} < \Theta_{end}$），则退火过程结束。

最终，选择在备选方案集合 S_Φ 和 S_Ψ 中损失 C_{min} 最小的方案 Φ_{min} 和 Ψ_{min}，作为最佳方案。其伪代码见表 7-7。

表 7-7 模拟退火算法

输入：$G^P(N^P, L^P)$ 为实拓扑；G^V 为虚拟网络集合；Π^{PA} 为实拓扑和虚拓扑的映射关系；R 为修理工的集合；B 为修理工基地的集合；F 为故障的集合；λ 为冷却系数；$\Theta_{initial}$ 和 Θ_{stop} 为初始和结束温度；ω_{ex}^{stop} 和 ω_{in}^{stop} 为外循环和内循环循环的最大次数。

输出：Φ 为修复方案（ϕ_k 是第 k 所修复的故障）；Ψ 为修理工方案（ψ_k 是第 k 所修复的修理工）。

1： 通过贪婪算法得到 $\Phi_{initial}$、$\Psi_{initial}$ 和 $C_{initial}$。

2： $\Phi_{temp} = \Phi_{initial}$, $\Psi_{temp} = \Psi_{initial}$, $C_{temp} = C_{initial}$, $S_\Phi = S_\Psi =$ null, $\omega_{ex} = \omega_{in} = 0$

3： **while** ($\Theta_{temp} > \Theta_{end}$, $\omega_{ex} < \omega_{ex}^{stop}$) **do**

4： $\omega_{in} = 0$, $flag_{ex} =$ true

5：   **while** $\omega_{in} < \omega_{in}^{stop}$ **do**

6：   随机操作 Φ_{temp} 和 Ψ_{temp} 产生新的组合 Φ_{new} 和 Ψ_{new}。

7：   计算新组合的代价 C_{new} 及差值 $\Delta C = C_{new} - C_{temp}$。

8：   通过式（7-31）计算接收概率 P。

9：   **if** ($P >$ rand$(0,1)$) **then**

10： $S_\Phi = \Phi_{new}$, $S_\Psi += \Psi_{new}$, $\Phi_{temp} = \Phi_{new}$, $\Psi_{temp} = \Psi_{new}$, $C_{temp} = C_{new}$, $\omega_{ex} = 0$, $\omega_{ex} = 0$, $flag_{ex} =$ false

11：   **else if**

12： ω_{in}++

13：   **end if**

14：   **end while**

15：   **if** $flag_{ex} ==$ true **then**

16： ω_{ex}++

17：   **end if**

18： $\Theta_{temp} = \lambda \times \Theta_{temp}$

19： **end while**

20： Φ 和 $\Psi = \{\Phi \in S_\Phi$ 且 $\Psi \in S_\Psi$ 中具有最小的消耗代价 $C\}$

21： **return** Φ and Ψ

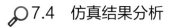

7.4　仿真结果分析

7.4.1　单旅行修理工问题

本节对单旅行修理工问题进行仿真分析，通过图 7-7 中的仿真拓扑，对所提出的算法进行仿真，该拓扑有 14 个节点、19 条链路和 3 个多故障区域（分别为 $\{l_{\mathrm{DE}}^{P}, l_{\mathrm{EF}}^{P}, l_{\mathrm{EG}}^{P}, l_{\mathrm{GH}}^{P}, l_{\mathrm{GJ}}^{P}\}$、$\{l_{\mathrm{AC}}^{P}, l_{\mathrm{BC}}^{P}, l_{\mathrm{CD}}^{P}, l_{\mathrm{CF}}^{P}, l_{\mathrm{EF}}^{P}, l_{\mathrm{FJ}}^{P}\}$ 和 $\{l_{\mathrm{FJ}}^{P}, l_{\mathrm{GJ}}^{P}, l_{\mathrm{IJ}}^{P}, l_{\mathrm{JN}}^{P}, l_{\mathrm{MN}}^{P}\}$）。因为 3 个多故障区域都类似，我们仅以区域 1（Disaster 1）为例，分析数据结果。业务是 3 个节点的虚拓扑，两点之间的连接概率为 60%。使用 MILP、GR、DP、SA（λ=0.9）和 SA（λ=0.8）5 种方案进行仿真验证。在仿真中，不直接产生交通网络的距离，而是随机产生辅助图中两个辅助节点间的旅行时间，其值为 2～8 h 之间的平均分布。

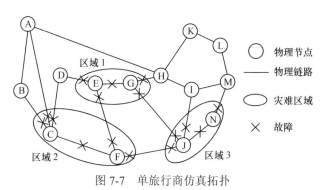

图 7-7　单旅行商仿真拓扑

1. 损失与虚拟拓扑数目的关系

在多故障区域 1 中，每次 5 条物理链路失效，虚拟拓扑的数目从 10 到 30 逐步变化。

总的 DVN 带来的损失随着虚拟拓扑数目的增长而增长，其结果如图 7-8 所示，因为虚拟拓扑是随机均匀分布在物理拓扑上的。其次，GR 得到最差的结果，而 MILP 和 DP 得到最优的结果。对于 SA，由 DVN 带来的损失比 GR 少，因为它是由 GR 产生初始修复方案，并在此基础上进行优化。然后，λ 比较高的 SA 方案的损失比较少，因为高 λ 的算法有更多的温度和更高的接收概率。图 7-9 显示平均每个 DVN 造成的损失，其曲线比较平衡，是由于虚拟拓扑均匀映射到物理拓扑中；并且在图 7-9 中，网络是波动的，这是因为虚拟拓扑是随机产生的，并且随机映射到物理拓扑中，波动正是其随机性的表现。

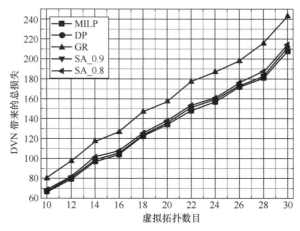

图 7-8　DVN 带来的总损失

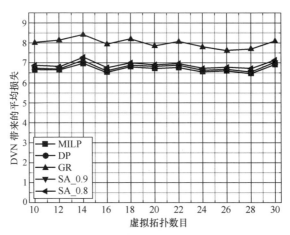

图 7-9　平均每个虚拟拓扑带来的 DVN 损失

　　图 7-10 和图 7-11 是在不同的算法下，FVL 带来的总损失与平均每个 FVL 带来的损失。首先可以观察到，由 DVN 和 FVL 造成总的损失曲线类似，如图 7-8 与图 7-10 所示。这是因为虚拟链路的数目正比于虚拟拓扑的数目（两个虚拟节点之间的连接概率为 60%）。相比于 DVN，由 FVL 造成损失的数值要大，这是因为 1 个 DVN 有 1 条及以上 FVL，一个连通的虚拟拓扑也可能有 FVL。

　　与 DVN 和 FVL 不同，FPL 带来总的损失不随着虚拟拓扑的数目增长而增长，稳定在一个平均的数值上，如图 7-12 所示。在修复方案中，每步修复一个 FPL，因此 FPL 的结果与时间消耗相关；而 GR 的时间消耗在众多算法中是最少的，所以 GR 由 FPL 带来的损失最少。而每个算法总的时间消耗曲线如图 7-13 所示，其结果与 FPL 带来的损失类似。

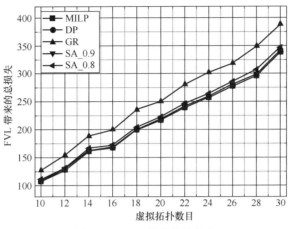

图 7-10　FVL 带来的总损失

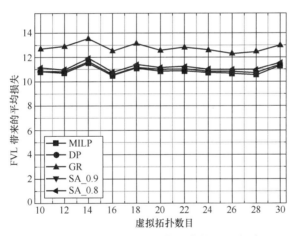

图 7-11　平均每个虚拟拓扑带来的 FVL 损失

2. 损失与失效物理链路数目的关系

本节分析在多故障区域 1 中，损失与失效物理链路数目的关系，虚拟拓扑的数目固定为 30。当 FPL 的数目从 1 增加到 5 时，其链路组合分别为 $\{l_{EG}^{P}\}$、$\{l_{EG}^{P}, l_{EF}^{P}\}$、$\{l_{EG}^{P}, l_{EF}^{P}, l_{GJ}^{P}\}$、$\{l_{EG}^{P}, l_{EF}^{P}, l_{GJ}^{P}, l_{DE}^{P}\}$ 和 $\{l_{EG}^{P}, l_{EF}^{P}, l_{GJ}^{P}, l_{DE}^{P}, l_{GH}^{P}\}$。

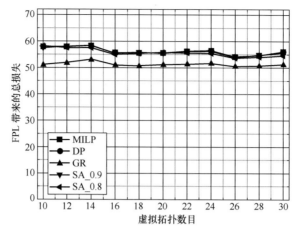

图 7-12　FPL 带来的总损失

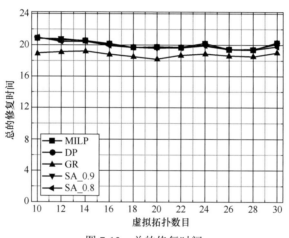

图 7-13　总的修复时间

图 7-14 和图 7-15 所示由 DVN 和 FVL 带来总的损失与 FPL 数目之间的关系。首先，DVN 和 FVL 的数目随着 FPL 数目增长而增长，更多的 FPL 会带来更多的 DVN 和 FVL。其次，GR 结果最差，而 MILP 和 DP 最优，这是因为 DVN 和 FVL 是旅行修理工的权值最大，MILP 和 DP 可以计算出修理工的最佳修复方案。

与 DVN 和 FVL 带来的总损失类似，FPL 带来的损失和修复时间均随着失效物理链路的数目增长而增长，如图 7-16 和图 7-17 所示。这是因为更多的 FPL 需要更多的修复时间，这也导致更多的 FPL 带来的损失。但是由于 GR 带来的结果比其他算法更优，这是因为 GR 是在第一步中寻找最少的故障修复时间，而其他的算法在 DVN、FVL 和 FPL 带来的损失中做了一个平衡。因此，GR 在 FPL 带来的损失和修复时间上，有最优的结果。

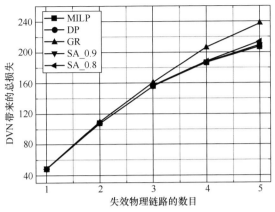

图 7-14　DVN 带来的总损失

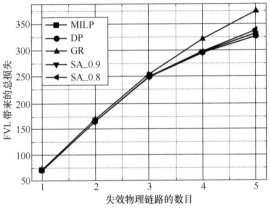

图 7-15　FVL 带来的总损失

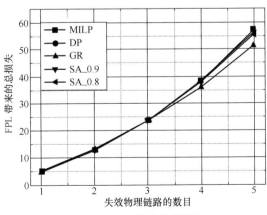

图 7-16　FPL 带来的总损失

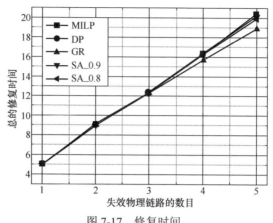

图 7-17　修复时间

通过以上分析可以看出，最小修复时间的方案不能得到最少的损失。MILP和 DP 可以得到生成最少损失的最佳方案，却使用最长的计算时间；GR 可以得到最少的修复时间和最小的算法复杂度，却使修复方案带来的损失较大；而 SA 在损失影响和算法复杂度之间得到一个较好的平衡。

7.4.2　多旅行修理工问题

多旅行修理工问题使用图 7-4（a）进行仿真。其中假设每条物理链路的带宽是 4×OC-192（40 Gbit/s）。虚拟网络的产生条件如下：节点的个数随机产生为 3、4、5 个，其比例为 0.3 : 0.4 : 0.3；任意两个虚拟节点之间相连的概率为 60%；每条虚拟链路的带宽随机为 OC-6（300 Mbit/s）、OC-12（600 Mbit/s）和 OC-24（1.25 Gbit/s），其比例也是 0.3 : 0.4 : 0.3；虚拟拓扑的数目为 20～48 个，虚拟节点平均分布在物理拓扑中。DVN、FVL 和 FPL 的权重是 α:β:γ=10 000:100:1。GR、SA（λ=0.7）和 SA（λ=0.9）分别进行仿真对比。直升机的速度是 200 km/h，卡车的速度是 80 km/h。普通故障、节点故障和封闭故障的处理时间分别为 0.4 h、0.6 h 和 0.5 h。

如图 7-18 所示，多故障发生后，不连通虚拟拓扑的影响随着虚拟拓扑的数目而增长。首先，可以观察到有重路由方案比无重路由方案所造成的影响更少，因为一些失效虚拟链路会由于重路由而使得不连通拓扑的数目减少。其次，SA 的性能优于 GR，因为 SA 可以检测出更多候选方案。在 SA 中，λ=0.9 带来的影响比 λ=0.7 更小，但 λ=0.9 的计算时间大约是 λ=0.7 的 4 倍，因为较高 λ 的 SA 算法造成当前温度变化较小，而其接收概率较高，这也意味着高 λ 的算法检测更多的候选方案，因而有更多的机会选择最优的那个。

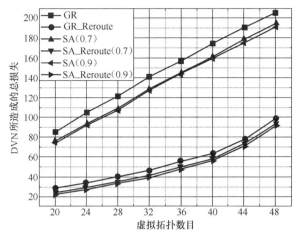

图 7-18　不连通虚拟拓扑所造成的损失

不连通虚拟拓扑损失比（简称损失比）指的是相同算法下，重路由和不重路由所带来的损失比，它可以反映重路由后不连通虚拟拓扑中重路由带来的影响，如图 7-19 所示。随着虚拟拓扑数目的增长，损失比也一直在增长，并且收敛。这是因为当虚拟拓扑数目较低时，物理链路的空闲容量较高，因此重路由的比例较高；相反，当虚拟拓扑数目较高时，损失趋于收敛。

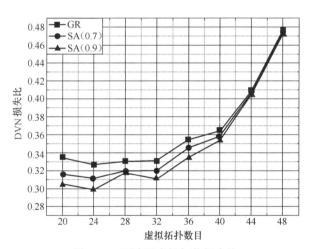

图 7-19　不连通虚拟拓扑损失比

图 7-20 显示失效虚拟链路所造成的损失。首先可以看到不连通虚拟拓扑和失效虚拟链路所造成的损失遵从相同的趋势，这是因为虚拟链路的数目和虚拟拓扑的数目成正比增长。另外，失效虚拟链路所造成的损失远大于不连通虚拟拓扑的损失。这是因为每个不连通虚拟拓扑都有多个失效虚拟链路，而一些连通的虚拟

拓扑也可能有失效虚拟链路。

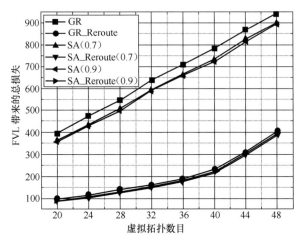

图 7-20　失效虚拟链路所造成的损失

图 7-21 中，不同于不连通虚拟拓扑和失效虚拟链路，失效物理链路造成的损失在 GR 和 GR_Reroute 方案是相同的，因为不连通虚拟拓扑、失效虚拟链路和失效物理链路已经在第 k 步之初已经决定了，然后我们会选择具有最小时间消耗的失效物理链路去修复。例如在图 7-4（c）中，第一步失效物理链路的数目是 15，而选择 f_0 被 r_0 修复，因为这个方案时间消耗最小。对于 SA，失效物理链路随着虚拟链路数目增长而递减，因为当虚拟拓扑的数目较少时，每个物理链路上的负载是随机的；当虚拟拓扑数目较多时，每条物理链路的负载趋近于平均值，此时方案的选择也趋近于选择最小时间消耗。

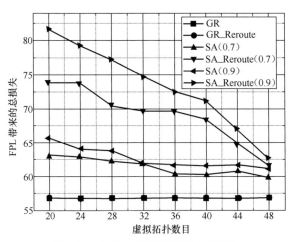

图 7-21　失效物理链路所造成的损失

图 7-22 和图 7-23 是总的和最大修复时间,这与失效物理链路造成的损失类似。同理 GR 与 GR_Reroute 的值是稳定的,因为无论负载怎样,GR 选择的路径均是一样的。GR 的修复时间小于 SA,因为 GR 选择在每步修复时间消耗最少的故障,而修复时间的权重比不连通虚拟拓扑的权重低。对于 SA,高 λ 比低 λ 造成的损失低。

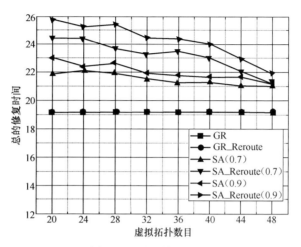

图 7-22　总的修复时间

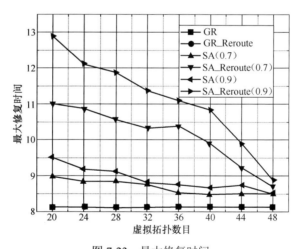

图 7-23　最大修复时间

7.5　本章小结

在多故障事件发生后,如何修复故障带来的损失,成为网络运营商面临的重要问题。本章以网络虚拟化为背景，介绍针对网络修复的旅行修理工问题。首先描述该问题，并提出虚拟网络的生存性指标。然后针对网络特性以及运营商策略的不同，将该问题分为单旅行修理工问题、多旅行修理工问题以及全光网下的旅行修理工问题，分别进行建模、算法和仿真等工作。经过仿真实验证明，所提出的各种算法，均可以得到相对优化的解决方案，从而修理网络中的多故障。

参考文献

[1] CHANDANA S, LEUNG H. A system of systems approach to disaster management[J]. IEEE communications magazine, 2010, 48(3): 138-145.

[2] TURA N D, REILLY S M, NARASIMHAN S, et al. Disaster recovery preparedness through continuous process optimization[J]. Bell labs technical journal, 2004, 9(2): 147-162.

[3] MORRISON K T. Rapidly recovering from the catastrophic loss of a major telecommunications office[J]. IEEE communications magazine, 2011, 49(1): 28-35.

[4] WANG J, QIAO C, FU H. On progressive network recovery after a major distruption[C]// Proc. IEEE INFOCOM, Shanghai, 2011: 1925-1933.

[5] YU H, YANG C. Partial network recovery to maximize traffic demand[J]. IEEE commmunications letters, 2011, 15(12): 1388-1390.

[6] KAMAURA S, SHIMAZAKI D, UEMASTSU Y, et al. Multi-staged network restoration from massive failures considering transition risks[C]// Proc. IEEE International Conference on Communications (ICC), Sydney, Australia, 2014: 1308-1313.

[7] MA C, ZHANG J, ZHAO Y, et al. Scheme for optical network recovery schedule to restore virtual networks after a disaster[C]// Proc. Optical Fiber Communication Conference (OFC), LA, US, 2015: M3I.4.

[8] MA C, ZHANG J, ZHAO Y, et al. Traveling repairman problem for optical network recovery to restore virtual networks after a disaster [Invited][J]. Journal of optical communications and networking, 2015, 7(11): B81-B92.

[9] MA C, MEIXNER C C, TORNATORE M, et al. Multiple traveling repairmen problem with virtual networks for post-disaster resilience[C]// IEEE International Conference on Communications (ICC), 2016: accepted.

[10] MA C, SAVAS S S, WANG X, et al. Traveling repairman problem to restore virtual networks in all-optical networks after a disaster[C]// Proc. Asia Com- munications and Photonics Conference

(ACP), Hong Kong, 2015: ASu5F.3.

[11] VILALTA R, MUÑOZ R, CASELLAS R, et al. Dynamic virtual GMPLS-controlled WSON using a resource broker with a VNT manager on the Adrenaline testbed[J]. Optics express, 2012, 20(28): 29149-29154.

[12] TZANAKAKI A, ANASTASOPOULOS M P, GEORGAKILAS K. Dynamic adaptive virtual optical networks[C]// Proc. Optical Fiber Communication Conference (OFC), Anaheim, CA, US, 2013: OTh3E.3.

[13] PENG S, NEJABATI R, SIMEONIDOU D. Impairment-aware optical network virtualization in single-line-rate and mixed-line-rate WDM networks[J]. Journal of optical communications and networking, 2013, 5(4): 283-293.

[14] FISCHER A, BOTERO J F, BECK M T, et al. Virtual network embedding: a survey[J]. IEEE communications surveys & tutorials, 2013, 15(4): 1888-1906.

[15] JAIN R, PAUL S. Network virtualization and software defined networking for cloud computing: a survey[J]. IEEE communications magazines, 2013, 51(11): 24-31.

[16] LIU X, WANG Y, XIAO A, et al. Disaster-prediction based virtual network mapping against multiple regional failures[C]// Proc. IFIP/IEEE International Symposium on Integrated Network Management (IM), Ottawa, 2015: 371-378.

[17] SOUALAH O, FAJJARI I, AITSAADI N, et al. A reliable virtual network embedding algorithm based on game theory within cloud's backbones[C]// Proc. IEEE International Conference on Communications (ICC), Sydney, 2014: 2975-2981.

[18] BELLMAN R. Dynamic programming treatment of the traveling salesman problem[J]. Journal of the ACM, 1962, 1(1): 61-63.

[19] KIRKPATRICK S, GELATT C D, VECCHI M P. Optimization by simulated annealing[J]. Science, 2013, 220(4598): 671-680.

[20] LAPORTE G. The vehicle routing problem: an overview of exact and approximate algorithms[J]. European journal of operational research, 1992, 59(3): 345-358.

名词索引